EXAMEN
PHYSIQUE
DU
MAGNÉTISME ANIMAL;

ANALYSE des Eloges & des Critiques qu'on en a faits jusqu'à présent;

Et DÉVELOPPEMENT des véritables Rapports, sous lesquels on doit en considérer le Principe, la Théorie, la Pratique & le Secret.

Par M. CARRA.

Ita res accendent lumina rebus.
LUCRECE, livre 1er.

A LONDRES;

Et se trouve, à PARIS,

Chez EUGENE ONFROY, Libraire, rue du Hurepoix, près du Pont S. Michel.

M. DCC LXXXV.

AVANT-PROPOS.

Tandis que l'Europe fait un mouvement violent sur elle-même pour déranger l'équilibre politique des Puissances nationales ; tandis que le globe entier semble se préparer, par une révolution marquée dans la marche des saisons, à des changemens physiques sur sa surface & dans son atmosphère , la Science de la nature & la Philosophie font les plus grands efforts pour répandre & propager par-tout leurs lumières bienfaisantes. La masse des sociétés , toujours flottante dans le vague des incertitudes , s'agite, plus que jamais , pour débrouiller enfin le cahos de sa morale & de sa législation. Elle tend sans cesse , & par une impulsion irrésistible, à ce calme heureux que lui promet la perfectibilité de la raison humaine. La fin de ce siècle offre sur-tout une époque bien intéressante pour l'histoire, celle d'une fermentation subite & presque générale dans les esprits. Cette fermentation, produite par deux circonftances singulières, *les Expériences aéroftatiques* & *le Magnétifme animal*, sembloit devoir être plutôt le réfultat du grand nombre d'ouvrages de Philofophie & de Phyfique qui font fortis depuis peu de la plume des meilleurs Ecrivains de l'Europe; mais il falloit à la multitude des objets d'attention qui tinffent du prodige, & étonnaffent l'imagination par les yeux. On a entendu parler de deux hommes, dont l'un appellé M. Mefmer, & l'autre M. de Montgolfier; &, dès-lors, l'étude de la Phyfique eft devenue un point général d'émulation pour tous les hommes, pour les ignorans, pour les indifférens même.

Mon objet n'eft point d'examiner, dans cet ouvrage, les avantages qui peuvent réfulter de la belle expérience de M. de Montgolfier; c'eft au tems & à la fagacité de quelques vrais Phyficiens à nous apprendre ce que nous devons en efpérer. Il me fuffit de dire, en paffant, que, quoique cette découverte, due au hazard;

ne confifte que dans l'heureux emploi d'une enveloppe propre à contenir un gaz élaftique ou un air raréfié , la poftérité n'en fera pas moins obligée de perpétuer , dans les faftes de l'hiftoire , le nom de M. de Montgolfier comme le type honorable d'une époque très - intéreffante , celle des premières Expériences aëroftatiques.

Quant à M. Mefmer, on peut déterminer également l'efpèce d'obligation que la poftérité contracte avec lui , & voir tout à la fois d'un coup-d'œil fi , en rejettant même fa doctrine fous tous les rapports, le genre humain ne lui doit pas quelque reconnoiffance. La queftion fe réfoudroit fans doute d'elle-même , & la réponfe décideroit affirmativement le contraire , fi l'on ne confidéroit , dans fon apparition fur la fcène du monde, que le renouvellement de la doctrine de Flud, de Wirdig, de Paracelfe , de Maxwell, &c; que fon erreur fur le principe (le fluide univerfel) qu'il donne pour bafe unique de cette doctrine , & que l'appareil magique & puérile de fes traitemens. Mais , en confidérant , d'un côté , que

M. Mefmer a réveillé & excité fortement l'attention des Savans fur cette doctrine ; (ce qui les a déterminés à l'analyfer, & ce qui eft un bien pour le progrès des Sciences) & de l'autre , qu'il a fait naître des doutes affez raifonnables fur la Science des Médecins, pour les forcer à mieux étudier dorénavant la Phyfique , (ce qui fera un bien pour l'humanité) , on ne peut guères fe difpenfer d'avouer qu'on a une forte d'obligation à M. Mefmer. L'hiftoire doit, par conféquent , adopter dans fes faftes le nom de ce Médecin Allemand , comme le type d'une époque très-intéreffante , celle où les hommes en général auront été détrompés, une fois pour toutes , du charlatanifme des mots & de la magie des fpéculations médicales , & où ils auront commencé très-férieufement à s'inftruire en Phyfique & en Médecine.

EXAMEN
PHYSIQUE
DU
MAGNÉTISME ANIMAL.

Q UI prouve trop, ne prouve rien. Qui né prouve pas affez, ne prouve rien encore. Il faut donc chercher le jufte milieu des chofes, pour pouvoir prononcer définitivement & irrévocablement fur une queftion quelconque.

Les deux premières maximes de ce paragraphe font l'analyfe & la critique de tous les ouvrages qui ont été publiés jufqu'à préfent, foit en faveur de la doctrine de M. Mefmer, foit contre elle. Si l'on en croit M. Gallard de Montjoie, *dans fes lettres à M. Bailli*, M. Mefmer eft *un grand Homme*

A iv

qu'il faut placer à côté de Newton & de Defcartes. Si l'on en croit M. Servan, *dans les doutes d'un Provincial*, il n'y a plus d'efpérance pour la fanté des hommes, que dans le Magnétifme animal de M. Mefmer. Si l'on en croit M. Bergaffe, *dans fes confidérations fur le Magnétifme animal*, la véritable Phyfique & la véritable morale n'exiftoient pas avant M. Mefmer ; c'eft ce Docteur Souabe qui nous a inftruit dans ces deux Sciences ; qui nous a appris qu'il exiftoit un fluide univerfel & des rapports entre les êtres animés ; c'eft lui qui doit opérer une révolution mémorable dans les Sciences naturelles, dans l'organifation des enfans, dans les mœurs générales, dans la légiflation des Empires ; & tout cela par le moyen d'un Magnétifme animal. Enfin, fi l'on en croit tous ceux qui ont écrit en faveur de ce Magnétifme, M. Mefmer eft le plus grand génie que la nature ait produit ; il influe fur nous comme la nature elle-même ; il eft l'agent univerfel de l'agent univerfel du monde ; c'eft le feul & unique Médecin de ce globe ; & il faut être bien aveugle, bien ignorant, bien borné, bien ftupide pour ne pas voir dans M. Mefmer toutes ces belles prérogatives.

Si, d'un autre côté, l'on en croit MM. les Commiffaires de la Société Royale de Médecine, ceux de la Faculté & de l'Académie des

Sciences, il n'y a point de fluide univerſel, point de raiſons ni de cauſe pour admettre les phénomènes d'économie animale , produits par les attouchemens médiats ou immédiats. Ainſi les uns prouvant trop & les autres pas aſſez , ils ſe ſont tous éloignés du centre de la queſtion ; & cette queſtion eſt encore aujourd'hui tout auſſi indéciſe qu'auparavant. M. Meſmer reſte au milieu de ces débats , également étonné , & de la ſublime réputation que ſes partiſans veulent lui faire , & des aviliſſantes apoſtrophes que ſes adverſaires lui lancent continuellement , mais toujours muet & immobile ſous l'égide de ſon ſecret. Je vais donc, en dévoilant ce ſecret , ſoulager ſon cœur & calmer l'ardeur de ſes amis & de ſes ennemis.

J'excepterai , cependant , de tous les ouvrages écrits juſqu'à préſent ſur le Magnétiſme animal , le Rapport particulier & iſolé de M. de Juſſieu , l'un des Commiſſaires chargés par le Roi de l'examen de ce Magnétiſme , & je ſaiſis avec d'autant plus de plaiſir l'occaſion de lui rendre cet hommage que je regarde comme une très-belle découverte pour le progrès des Sciences , celle d'avoir trouvé un Savant attaché à deux corps , qui réuniſſe l'eſprit de juſtice & d'impartialité aux connoiſſances les plus profondes & les mieux digérées. Son exemple , ſans doute , m'enſeigneroit mon devoir ſi je ne faiſois profeſſion , depuis long-

tems, de cette même impartialité qui caractérise
si bien son ouvrage, & qui caractérisera à coup
sûr l'examen que je vais entreprendre.

Je demande, d'abord, si, pour prononcer en
dernier ressort contre la doctrine de M. Mesmer,
il suffit d'avoir prouvé, d'une part, qu'il n'est que
le plagiaire de Flud, de Wirdig, de Vanhelmont,
de Paracelse, de Maxwell, &c. (*Doutes
& Recherches de M. Thouret sur le Magnétisme animal*) ; de l'autre, que la pratique de son
magnétisme animal n'est fondée que sur l'imagination, l'imitation & l'attouchement, (*Rap. des
Com. de la Fac. de Méd. & de l'Acad. des
Sciences*), & de l'autre, que les vingt-sept pro-
positions de son *Essai sur la découverte du Magnétisme animal*, sont, pour la plupart, incohérentes
entre elles, toutes mal digérées & mal expliquées, sans idées intermédiaires & sans définitions
de principes ; (*Antimagnétisme, broc. de 252
pages, à Londres*) ; je demande donc si cela suffit ;
& je réponds négativement : 1°. Parce que M.
Mesmer, quoique plagiaire des Auteurs anciens
& modernes qui ont parlé du fluide universel &
du Magnétisme animal, pouvoit trouver, dans
les rapports de ce fluide, avec l'organisation &
le principe vital des êtres animés, des applications justes & conséquentes, non à des prétentions
extravagantes dans l'art de guérir, mais à des

phénomènes d'économie animale , & propofer alors modeftement & fans myftère, fes idées , fa théorie , & des expériences à faire aux Savans de la nation qu'il a choifie par prédilection pour être l'objet de fes méditations falutaires & de fes grandes découvertes en Phyfique. Ainfi , ce que M. Mefmer pouvoit & devoit faire , & qu'il n'a pas fait , prouve bien contre fa Science & fa modeftie , mais non contre la doctrine qu'il a renouvellée.

2°. Parce qu'une pratique médicale qui agit par l'imagination , par l'imitation , & par des attouchemens , pourroit bien ne pas être auffi ridicule & auffi dangereufe qu'elle le paroît , fi , en excluant quelquefois les drogues de la Pharmacie , & la lancette du Chirurgien , elle étoit adminiftrée avec connoiffance de caufes , par des perfonnes plus inftruites & moins exaltées que M. Mefmer , & fi elle étoit examinée de plus près par des perfonnes moins prévenues & moins partiales que MM. les Médecins. Ainfi , quoique l'ignorance & le charlatanifme de M. Mefmer foient bien démontrés aux yeux de tout le monde , il ne s'enfuit pas delà qu'on ne puiffe pas tirer parti de la doctrine qu'il a renouvellée.

3°. Parce que l'exiftence du fluide univerfel , quoique mal conçue , mal définie par M. Mefmer ,

n'en eſt pas moins certaine , & qu'il falloit , en
concevant , en définiſſant & en conſtatant ſous
tous ſes rapports l'exiſtence de ce fluide , démontrer qu'aucune puiſſance humaine ne pouvoit
en diſpoſer à ſon gré. Ce qui auroit prouvé
irrévocablement le peu de connoiſſance de M.
Meſmer en Phyſique , ſans exclure le fluide univerſel qu'il a donné pour baſe de ſa doctrine
renouvellée des anciens.

C'étoient là ſans doute des obſervations aſſez
importantes pour n'être pas négligées dans les critiques
qui ont paru juſqu'à préſent contre le
Magnétiſme animal de M. Meſmer. Cette négli-
gence a laiſſé à ſes partiſans , comme on le voit ,
par leurs dernières réponſes à M. Thouret & au
Rapport des Commiſſaires , des lueurs d'eſpé-
rances & le droit de réclamer toujours en faveur
des grandes prétentions de leur maître. Leur cré-
dulité , d'ailleurs , ou leur amour-propre ſe trouve
naturellement intéreſſé à les ſoutenir. Il faut donc
réduire ces prétentions à leur juſte valeur , & ra-
mener les eſprits , frappés du merveilleux que préſente
l'idée d'un Magnétiſme animal , aux loix de la
nature & aux règles d'une raiſon calme & réfléchie.
Pour parvenir à ce but , je vais ſuivre la marche
& l'ordre des idées que préſente la diſcuſſion du
Principe , de la Théorie & de la Pratique du Magnétiſme animal.

Le principe mal conçu, mal défini par M. Mefmer, par ſes antagoniſtes même, & ſur lequel
il a fondé ſa doctrine eſt, en un mot, le fluide
univerſel dont il prétend diſpoſer à ſon gré. Sa
théorie eſt celle d'un Magnétiſme animal qui ne
tient, ſuivant lui, ni à l'électricité, ni à l'aimant,
& qui pourtant, dans la pratique, préſente des
phénomènes d'économie animale très-ſuſceptibles
d'attention.

Afin d'obtenir plus de préciſion encore &
plus d'intelligence dans la diſcuſſion de ces trois
objets, je diviſerai cette diſcuſſion en douze
queſtions qui feront chacune un article particulier, quoique relatif à tous les autres.

PREMIÈRE QUESTION.

Exiſte-t-il un fluide univerſel, & ſous quels
rapports peut-on le concevoir, le définir, le
démontrer, en conſtater l'exiſtence ?

IIᵉ QUESTION.

Ce fluide peut-il être vu, accumulé, concentré,
tranſporté, répandu à volonté par aucune puiſſance
humaine ?

IIIᵉ QUESTION.

Peut-on, ſans une abſurdité manifeſte, propoſer
une théorie & une pratique, ſous le nom de

Magnétifmè animal, & qui ne tiennent ni au fluide magnétique ni au fluide électrique ?

IVe QUESTION.

L'économie animale eft-elle fufceptible d'éprou-ver par une pratique, ou un Art quelconque, l'influence unique du fluide universel ?

Ve QUESTION.

Les atmofphères individuelles des corps font-elles fufceptibles de dilatation & de condenfation; fuivent-elles les mouvemens de l'intérieur de ces corps, & marquent-elles, d'une manière diffé-rente & fenfible, l'état d'un homme malade & & celui d'un homme en fanté ?

VIe QUESTION.

Peut-on tirer des conféquences de l'exiftence des atmofphères individuellles des corps animés, de leurs variations & de leur perte d'équilibre, lors d'une maladie, en faveur des effets produits par la pratique appellée *Magnétifme animal* ?

VIIe QUESTION.

Les phénomèmes du Magnétifme animal que

paroiſſent ſortir de la claſſe ordinaire., & qui ont
lieu, ſans attouchemens & les yeux bandés, par
des effets marqués par des criſes, des convul-
ſions, peuvent-ils être autre choſe dans l'individu qui les éprouve, que le produit d'une gravitation profonde ſur ſoi, d'une concentration de
ſon atmoſphère individuelle, d'une abſorption &
d'une abſtraction totale de ſes facultés externes ?

VIIIe QUESTION.

Ces phénomènes, de la part de celui qui prétend
les opérer ſeul par la vertu de ſon ſecret, ſont-
ils autre choſe que l'effet de ſon atmoſphère individuelle, s'il y a conract immédiat, & de ſa
ſphère d'activité, s'il y a trop de diſtance pour
pouvoir les rapporter à la première cauſe ?

IXe QUESTION.

Ces phénomènes, dans les attouchemens, ſont
donc, comme dans l'électricité & le Magnétiſme, le
produit du concours de l'atmoſphère individuelle
de ceux qui touchent & ſont touchés, avec un fluide
univerſel, élaſtique & compreſſible à l'extrême ?

Xe QUESTION.

Ces phénomènes, dans leur influence, à des

diſtances éloignées , ſur le genre nerveux & l'imagination , ſont donc , comme dans l'électricité
& le Magnétiſme , le produit du concours des
atmoſphères individuelles , plus de l'atmoſphère
générale de la terre, avec le fluide univerſel ?

XIe QUESTION.

L'économie animale, conſidérée phyſiquement,
enſuite moralement, enſuite médicalement, n'offre-
t-elle pas des raiſons , malgré l'abſurdité de la
théorie du Magnétiſme animal de M. Meſmer,
pour admettre, comme calmans , & même comme
diſpoſitifs ſalutaires, les effets des attouchemens
immédiats & les ſenſations opérées médiatement
dans le cerveau par les regards , les diſcours & les
geſtes ?

XIIe & dernière QUESTION.

Pourquoi la Médecine eſt-elle une Science conjecturale & , pour ainſi dire, un véritable empyriſme ?

PREMIERE

PREMIERE QUESTION.

Existe-t-il un fluide universel, & sous quels rapports peut-on le concevoir, le définir, le démontrer & en constater l'existence ?

Newton, Descartes, Valerius, Vanhelmont, Kirker, Paracelse, Robert Flud, enfin un très-grand nombre de Philosophes, de Médecins & de Savans des siècles passés & du siècle présent, ont admis & reconnu l'existence d'un fluide universel, quoique aucun d'eux, à la vérité, n'ait démontré cette existence sous ses véritables rapports, & encore moins sous tous ses rapports. Quatre Commissaires de la Faculté de Médecine de Paris, réunis à quatre Commissaires de l'Académie des Sciences de cette ville, & tous chargés par le Roi d'examiner le Magnétisme animal de M. Mesmer, dont le principe est, suivant ce Médecin Allemand, l'existence d'un fluide universel, n'ont admis, ni distingué, ni avoué, ou, pour mieux dire, ont nié l'existence de ce fluide. « Cet agent, ce fluide, (disent MM. les Com- » missaires, page 58, ligne 7 de leur Rapport), » n'existe pas, mais tout chimérique qu'il est,

» l'idée n'en eſt pas nouvelle » Je conviens
que cette négation pourroit s'entendre du Magnétiſme animal ſeulement ; mais comme l'agent ,
le fluide , que M. Meſmer donne pour la cauſe
& non pour l'acception du mot *Magnétiſme ani-*
mal , eſt le fluide univerſel , & que , dans aucun
endroit de leur Rapport , MM. les Commiſſaires
n'ont diſtingué le fluide univerſel , prétendue
cauſe du magmétiſme animal , du fluide univerſel,
(reconnu par les plus grands Philoſophes , par
Newton lui-même), répandu dans l'eſpace univerſel , & qui opère tous les phénomènes de
l'électricité , de la lumière , &c. Il eſt clair que
que MM. les Commiſſaires n'admettent point
l'exiſtence de ce fluide , ou qu'ils ont voulu ſim-
plement éluder de la reconnoître dans leur Rapport , pour ne laiſſer aucune repriſe à M. Meſmer
& à ſes partiſans. C'eſt-à-dire que , pour triom-
pher plus ſûrement du Magnétiſme animal , MM.
les Commiſſaires ſe ſont crus autoriſés , pour un
moment , à nier le fluide électrique , le fluide
lumineux , le fluide ſonore , le fluide animal , &c.
qui tous dérivent du fluide univerſel. Ils ont eu
leurs raiſons ſans doute ; & le reſpect que j'ai pour
les deux corps dont ces Meſſieurs ſont membres,
ne me permet pas de chercher à approfondir ces
raiſons.

« Il exiſte , (diſent M. Meſmer & ſes partifans), un fluide univerfel & actif qui eft répandu dans l'univers , qui circule par-tout , qui pénètre tous les corps , qui établit les influences d'un aftre fur un autre , &c. »

Voilà au moins des perfonnes raifonnables! M. Mefmer & fes partifans s'expliquent ; ils fe mettent dans le cas , après avoir reconnu & admis l'exiftence du fluide univerfel , fous les rapports que je viens de citer , de pouvoir expliquer les phénomènes de l'électricité, ceux de la lumière, ceux du fon , & même la correfpondance de mouvement entre les corps céleftes ; (en rejettant toutefois ce qui tient à l'Aftrologie judiciaire); mais M. Mefmer & fes partifans connoiffent - ils affez l'effence & les propriétés de ce fluide univerfel pour l'admettre , non-feulement comme caufe unique de leur Magnétifme animal , mais comme moyen dont ils puiffent difpofer à leur gré ? C'eft ce que je dois examiner , après avoir donné la définition du fluide univerfel.

Définition. Ce fluide dont l'exiftence eft auffi certaine que néceffaire , n'a en lui aucune des propriétés qui conftituent les élémens de la matière des folides ; c'eft-à-dire, ni dimenfions, ni forme , ni pefanteur (1). Son effence eft unigène , indi-

---

(1) Valérius a confidéré l'éther comme un fluide fans pefanteur, parce qu'il foupçonnoit vraifemblablement dans les

viſible , indiſſoluble , compreſſible & élaſtique à l'extrême. On doit le conſidérer comme un être immatériel, inſolide & étendu à l'infini , tel que Newton concevoit l'eſpace. Il occupe , en PLUS,

---

eſpaces éthérés le fluide immatériel, dont je parle. Bernouilli a conſidéré cet éther comme un fluide grave , parce qu'il ſoupçonnoit dans ces eſpaces une expanſion d'atomes. Ces deux opinions ſéparées ne déterminent nullement la queſtion , & en les réuniſſant , elle eſt décidée. Ce que Valérius conſidère comme un fluide ſans peſanteur, n'eſt autre choſe que mon fluide élémentaire dont la peſanteur négative & l'électricité poſitive ſont la cauſe de la diſſémination des mixtes & de l'expanſion des atomes ; & ce que Bernouilli conſidère comme un fluide grave , n'eſt autre choſe que l'actilité de ces atomes dont la peſanteur réelle & la réſiſtance virtuelle occaſionnent l'élaſticité du fluide univerſel.

Epicure a prétendu , & M. le baron de Marivetz prétend, après lui , que la communication du mouvement ſe propage d'un corps à l'autre, par le moyen d'un fluide compoſé intrinſéquement de molécules ou atomes élémentaires. Ces atomes ou molécules élémentaires ſont parfaitement dures , ſuivant Epicure , & parfaitement molles , ſuivant M. le Baron de Marivetz. Or , le principe de Phyſique, le mieux déterminé , eſt que l'élaſticité n'exiſte pas plus dans des corps parfaitement ſolides que dans des corps parfaitement mols. La propagation du mouvement ne peut donc réſulter d'aucun de ces deux Théorèmes.

C'eſt par l'élaſticité du fluide élémentaire que le mouvement agit , & par ſon indiviſibilité que ce mouvement ſe propage en tout ſens.

la capacité de l'efpace univerfel , tandis que les parties du folide élémentaire , aggrégées en maffes, ou difféminées en atômes , occupent cet efpace en MOINS. Il pénètre tous les corps ; il eft la caufe de leur mouvement interne & externe. Le fond des cieux , foit noir , foit couleur d'azur , eft le feul milieu par lequel il annonce vifiblement fon exiftence. Cette illufion , fi l'on veut que c'en foit une , eft égale à une vérité intellectuelle & phyfique même , quand on confidère que , fans le fecours de ce fluide & par un vide abfolu , nos yeux ne pourroient atteindre aux étoiles , ni parcourir la profondeur des cieux. Sa dia-phanéité nous fournit le moyen de diftinguer les objets, de même que fon indivifibilité établit toutes les liaifons & tous les rapports occultes & évidens des corps entre eux. Son flux & reflux, ou fes différentes courbes ou directes de vibrations , font caufés par la furabondance progreffive ou fubite des parties de la matière des folides , dans un lieu , & par leur rareté , également progreffive , ou fubite dans un autre. De forte qu'en fpéculant l'agitation continuelle où font les atomes , les grandes maffes & les corps moyens dans l'efpace , par la compreffi-bilité & l'électricité du fluide élémentaire uni-verfel , on aura les véritables données de la gravitation & de l'attraction des corps.

B iij

« *Propriétés.* Le fluide élémentaire eſt parfaitement élaſtique & compreſſible , & ſon reſſort eſt
iualtérable. Sa eſt nature immiſcible & inaſſociable
aux parties les plus groſſières , ainſi qu'aux plus
déliées de la matière des ſolides. Son élaſticité &
ſa compreſſibilité ſont extrêmes à chaque inſtant
& par-tout. La première de ces propriétés ſe
marque en général dans les eſpaces éthérés par
les vibrations de la lumière , & ſur la terre ,
dans les ſubſtances aëriformes, par des explo-
ſions , des répulſions , & quelquefois par la diſ-
ſolution & ſa décompoſition des corps. La ſeconde
de ces propriétés ſe marque dans les diſpoſitions
de l'eſpace univerſel , par l'attraction des maſſes
céleſtes , & ſe manifeſte ſur la terre par la chûte
des corps. Le feu repréſente , d'une manière
frappante , le caractère de force & d'énergie de
ce fluide. La lumière en indique l'extrême té-
nuité & l'ubiquité. Mais les étonnantes propriétés
de ce fluide ſeroient nulles , ſans la réſiſtance
que lui oppoſent les différentes parties de la matière des ſolides éparſes dans l'eſpace. C'eſt en
percutant & répercutant les corps , qu'il opère
entre eux la communication contactive, ſenſitive
& intellectuelle. C'eſt en ſéjournant ſur leurs
ſurfaces , qu'il tranſmet à nos yeux l'arrangement figuratif des parties de ces ſurfaces , ſous
le rapport déterminé d'une certaine quantité de

lignes visuelles & d'angles saillans ou rentrans ,
aigus ou obtus , &c. (2). C'est en occupant les
pores ou vacuoles disséminés qui se trouvent
entre les parties constituantes des corps , qu'il
lie ces mêmes parties , & en fait un ensemble
organique. C'est en agissant dans les pores de
ces corps par une commotion communiquée du
dehors au dedans , & du dedans au dehors, qu'il
anime ces corps , qu'il les maintient , qu'il les
agite , les détruit , les divise , & souvent les dé-
compose & les volatilise. C'est toujours , par
conséquent , sous des formes, des nuances & des
rapports matériels , que le fluide universel élémentaire s'annonce , & qu'il opère les merveilles
de la nature (3). Mais son existence & la raison

---

(2) Voyez ma Théorie de la lumière , chap. 27 , tom. 4 ,
des N. p. de Physique.

(3) C'est par-là que l'existence de ce fluide élémentaire
est devenue un mystère pour les uns & un problème pour
les autres. Pour la concevoir , après l'avoir fortement
soupçonnée , Newton s'est formé l'idée d'un milieu plus
subtil que les autres qu'il confond sans cesse avec l'air &
le feu , & dont il prive une partie de l'espace , pour établir un vide absolu entre les corps célestes , & les faire
circuler plus librement. Descartes a imaginé une matière
subtile qui n'a pas réussi , par la raison que la matière des
solides ou graves , quelque subtile & quelque disséminée

pour diftinguer fon effence, n'en font pas moins

---

qu'elle foit, eft toujours une matière corporifique, & que fes parties adhérant les unes aux autres, forment un plein impénétrable & contraire à la circulation des corps. M. de Laperrière, dans fon *fyftême du monde*, a établi un fluide univerfel qu'il ne diftingue pas affez de la lumière & du feu, & qu'il ne fait valoir que fous des rapports mal-conçus, mal expliqués & mal déterminés; ce qui rend fon ouvrage confus, obfcur & paradoxal.

Enfin, M. le Baron de Marivetz, dans fon *Dictionnaire des termes*, page 20, définit l'éther ou le fluide univerfel: « Une fubftance infiniment fubtile, infiniment élaftique qui » remplit tout l'efpace, dans lequel fe meuvent les corps » céleftes, & qui pénètre tous les pores des corps ou fubf- » tances naturelles, mais non pas les particules primitives » & élémentaires de la matière, fur lefquelles, au con- » traire, ce fluide exerce fon action ».

Il eft clair que les particules primitives & élémentaires de la matière font d'une impénétrabilité abfolue, & que l'éther ou fluide univerfel, quel que foit fa nature, quel que fubtil qu'il foit, ne peut les pénétrer.

Mais quelle eft la nature de ces particules primitives & élémentaires de la matière, & quelle différence y a-t-il entr'elles & l'éther? M. le Baron de Marivetz conçoit cette différence & l'exprime de la manière fuivante, page 22, de fon *Dictionnaire des termes*, article *Expanfibilité*, 2e colonne.

« Nous penfons que les particules primitives des élémens, » à l'exception de l'éther feul, font parfaitement dures; » que l'éther feul eft élaftique, que les corps qui jouiffent » de cette qualité, ne les doivent qu'à lui, &c. »

démontrées à notre intellect par l'exiſtence de

***

S'il y a des particules primitives des élémens , (comme je n'en doute pas), ces particules ſont néceſſairement des particules de la dernière compoſition.

Si l'éther n'eſt pas compoſé de particules primitives, c'eſt-à-dire, parfaitement dures, les particules de l'éther ne ſont donc pas des particules de la dernière compoſition.

Et ſi les particules de la dernière compoſition ſont dures, & que celles de l'éther ne le ſoient pas, l'éther eſt donc un fluide inſolide, par conſéquent immatériel, & alors il n'eſt pas compoſé de parties, & ces parties n'ont aucune forme. Si l'éther ſeul eſt élaſtique, & ſi les corps qui jouiſſent de cette qualité, ne la doivent qu'à lui, l'éther eſt donc d'une nature abſolument différente de celle de la matière ; car, pourquoi l'éther, compoſé de molécules ſphériques, & par conſéquent de parties matérielles, ſeroit - il ſeul élaſtique, tandis que les autres parties de la matière ne pourroient acquérir cette propriété que par lui. Il faudroit donc ſuppoſer que les autres parties de la matière, ſoumiſes à l'influence de cet éther, ne fuſſent pas ſuſceptibles d'une diſſémination auſſi extrême que les molécules de ce même éther, ou que la cauſe de l'élaſticité de cet éther fût un effet de ſa propriété abſolue, propriété incompatible avec les particules primitives & élémentaires de la matière. Mais, pourquoi alors ces molécules auroient-elles ſeules une vertu élaſtique déniée aux autres parties de la matière ? Par leur forme ? Leur peſanteur s'y oppoſeroit, quel que ſoit cette forme. Par leur rareté ? Le vide abſolu qui ſubſiſteroit entr'elles, intercepteroit toute communication de mouvement. J'aurois un volume d'objections à faire ſur l'éther de M. de Marivetz.

la matière des folides & l'inertie naturelle de
cette matière , qualité entièrement oppofée au
mouvement , & par conféquent aux propriétés
du fluide élémentaire univerfel.

La défirition du, fluide élémentaire univerfel,
comme fubftance unigène , infolide , élaftique &
compreffible à l'extrême , détruit l'idée d'un vide
abfolu dans les efpaces interplanétaires , & n'a
point les inconvéniens d'une matière fubtile compofée de particules folides comme celle de Defcartes. (4). Cette définition offre , à la vérité,

---

(4) « Si Newton , dit M. de Voltaire , a découvert cette
clef de la nature , par laquelle une pierre , une bombe
retombe , en cherchant le centre de la terre , & les pla-
nètes marchent dans leurs orbites ; fi cette loi de l'attraction agit, non en raifon des furfaces , comme les loix de
l'impulfion , mais en raifon des folides ; fi elle pénètre au
centre de la matière en raifon inverfe du quarré des dif-
tances , pourquoi cette loi n'agit-elle pas fuivant les mêmes
proportions dans les phénomènes de l'aimant, dans ceux
de l'électricité , dans l'afcenfion des liqueurs à travers les
tuyaux capillaires , dans la cohéfion des corps, dans les
rayons du foleil qui rebondiffent d'une furface de cryftal,
fans toucher réellement cette furface ? On ne peut , dans
aucun de ces cas, avoir recours aux loix du mouvement,
à l'impulfion des corpufcules intermédiaires. Il y a donc certainement des loix éternelles, inconnues, fuivant lefquelles
tout s'opère , fans qu'on puiffe les expliquer par la matière
& par le mouvement.

une idée purement métaphyfique ou intellectuelle ; mais c'eft par l'impoffibilité d'un vide abfolu dans les efpaces éthérés & lumineux, par l'inertie naturelle des folides , & par l'accord démontré des parties & du tout dans le méchanifme de la nature , que cette idée eft devenue , pour mon intellect , une vérité-principe. Je fais bien qu'en adoptant cette vérité , je tranche fur l'opinion de ceux qui ne veulent admettre pour vrai que des ôbjets vifibles & palpables. Mais je les prie de confidérer que , fi nous n'avions d'autre intelligence que celle du tact extérieur , notre raifon ne feroit qu'un inftinct paffif, égal à celui des végétaux. Le noble fentiment de notre être ne nous permet pas de nous avilir à ce point, & nous démontre clairement que , fi nos corps font une modification de la matière des folides,

---

Ces loix reffemblent à celles par lefquelles tous les animaux font agir leurs membres à leur volonté. Qui découvrira le rapport de la volonté d'un animal & du mouvement de fes jambes ? Il y a donc des loix qui ne tiennent en rien à la matière connue. La Philofophie corpufculaire ne peut donc rendre aucune raifon des premiers principes des chofes. Defcartes , en paroiffant s'expliquer en Philofophe , prononçoit donc l'affertion la moins philofophique quand il difoit : donnez-moi de la matière & du mouvement, & je vais faire un Monde ».

notre ame n'en eſt pas une , & que ce feu ſacré de la vie n'agit pas en nous avec tant d'énergie & d'activité , ſans être lui-même une cauſe , un principe , enfin l'ame de l'Univers.

L'élaſticité & la compreſſibilité extrêmes du fluide élémentaire ſont inhérentes & relatives à ſon unigénéité , à ſon indiviſibilité & à ſon indiſſolubilité. C'eſt , (pour en donner une idée purement matérielle) , une ſubſtance de contiguité abſolue , tendue également dans l'eſpace univerſel , & dont les rayons ou fils pénètrent les corps en tout ſens , & lient leurs mouvemens reſpectifs. De manière que jamais les ſolides réunis ne peuvent parvenir à l'envelopper dans le moindre eſpace poſſible , ſans éprouver la commotion de l'univerſalité de cette ſubſtance qui cherche ſans ceſſe & par-tout l'équilibre , & le perd ſans ceſſe & par-tout , alternativement d'un lieu à un autre , & d'un inſtant à un autre inſtant ; & cela par la gravité & l'impénétrabilité de la matière élémentaire des ſolides. Je conſidère donc que la compreſſibilité & l'élaſticité de ce fluide univerſel agiſſent , ou ſimultanément , ou alternativement & ſucceſſivement , ſous différens rapports de temps , de lieux & d'effets. Ces différens rapports variés ſans ceſſe & en tous ſens , occaſionnent , ici , la prédominance de la force centripète dans une maſſe , & là , celle de la force centrifuge

dans une autre ; ici, la formation des corps , là ,
leur deſtruction ; enfin, par-tout , l'ordre des
choſes réſultant du déſordre même.

L'électricité , l'impulſion , la percuſſion & la
répercuſſion ſont des effets de l'élaſticité de ce
fluide univerſel, comme la gravitation , l'attraction & le magnétiſme ſont des effets de ſa compreſſibilité. Le mouvement général eſt , par conſéquent, le produit général de tous ces effets ;
& ce que les Mathématiciens appellent *force vive
& force morte* , autrement, *force d'énergie & force
d'inertie* , n'eſt autre choſe que la balance du
ſolide élémentaire univerſel avec le fluide élémentaire univerſel ; d'où l'on conçoit clairement que le mouvement eſt toujours égal dans
l'Univers, & qu'il n'augmente , ni ne diminue
jamais.

Si le fluide élémentaire univerſel eſt compreſſible & élaſtique à l'extrême & en tout ſens,
comme on n'en peut douter, puiſque la matière
des corps ou ſolides eſt incompreſſible & iné-
laſtique par ſa nature, ſa gravité & ſon inertie,
ce n'eſt donc qu'à ce fluide élémentaire univerſel, qu'on peut attribuer , 1°. la correſpondance
de mouvemens qui règne entre tous les corps
céleſtes, 2°. la rotation des ſoleils & des planettes ſur eux-mêmes & autour d'un centre do-

minateur (5) , 3°. la communication du mouvement des centres dominateurs aux maffes circon-
férentes & fubordonnées , 4°. l'attraction & la
répulfion alternatives & périodiques de ces corps,
5°. les vibrations lumineufes, électriques, fono-
rifiques , organiques , 6°. & enfin , la caufe du
magnétifme de l'aimant qui eft , comme l'attraction des grandes maffes céleftes , l'effet de la
compreffibilité de ce fluide , tandis que les autres
phénomènes que je viens de citer , font l'effet
de fon élafticité. *Voyez mes N. P. de Phyfique,*

---

(5) Dans le tome 2 , de mes **N. P.** de Phyfique imprimé
en 1781. Chapitre XVI, *de la Théorie des étoiles*, j'ai
affirmé & démontré que tous les corps céleftes , foleils ,
étoiles, planettes, obéiffoient chacun à un centre domina-
teur, autour duquel ils faifoient leur révolution, comme
les planettes de notre fyftême folaire faifoient la leur autour
de notre foleil. Cette affertion a été regardée , dans le
temps , par de petits Aftronomes, comme une chimère de
mon imagination ; mais un grand Aftronome, M. Hertfchel,
vient de découvrir tout récemment que notre fyftême entier
a un mouvement de circulation fenfible autour d'une étoile
qui en eft le centre, & qui tourne, auffi avec tous les fyf-
têmes qu'elle entraîne, autour d'un autre centre. J'attends
de ce grand Aftronome lui-même les obfervations qu'il a
faites à ce fujet, pour les comparer à mon fyftême , & pour
prouver aux petits Aftronomes que, fans lunette, on peut
voir beaucoup plus loin qu'eux.

tomes 1 , 2 , 3 & 4 , pour connoître à fond cette Théorie & près de cinq cents propofitions abfolument neuves que j'ai établies fur tous les objets de Phyfique célefte & de Phyfique terreflre.

Pour faire voir maintenant que l'idée d'un fluide univerfel bien conçu & bien défini , peut conduire à des opinions raifonnables fur l'organifation humaine & fur l'économie animale , je citerai un paflage de mes N. P. de Phyfique , tome 2 , pages 15 , 16 , 17 , y compris la note 8.

« Dans les corps vivans & en pleine fanté , la gravitation de chaque partie folide eft en équilibre de preflion avec l'élafticité du fluide élémentaire qui en pénètre l'enfemble , pour lier & maintenir , à la diftance convenable , les élémens folides qui compofent les organes. Cet équilibre fe perd infenfiblement dès que l'une des deux forces cède à l'autre ou la furmonte. Si c'eft la gravitation qui domine , les organes fe durciflent, les pores fe refferrent, les humeurs fe concentrent , le fang s'épaiflit, & le mouvement vital fe ralentit. Telle eft la dégradation qui nous conduit à la vieilleffe ; elle eft un effet de la gravitation. Si , au contraire , l'élafticité du fluide élémentaire domine , les folides fe relachent , les pores laiflent échapper la chaleur inteftine , les humeurs s'alkalifent, le fang s'enflamme, & le mouvement vital s'accèlère pour ceffer plutôt. Telle eft la caufe des maladies qui conduifent fouvent l'homme au tombeau avant la vieilleffe ; & cette caufe eft un effet de l'élafticité du fluide élémentaire qui a été excité outre mefure par l'intempérance , la débauche, l'orgueil , la colère , enfin par des paffions fougueufes & inconfidérées. L'Etre fuprême a ordonné à cet agent univerfel de réfider en nous, & de nous animer, pour nous faire jouir les uns les autres du plaifir de nous voir, du bonheur de nous aimer & de de la douce fatisfaction de nous fervir mutuellement , & de nous confoler enfemble des maux de la vie. Mais cet Etre jufte lui a commandé en même tems de punir les méchans, ces êtres gonflés d'orgueil & paitris de vices , ces êtres dont les paffions folles & cruelles affligent l'humanité & défolent la fociété , en accélérant chez eux le mouvement vital , en defféchant leur cœur & en altérant les organes de leurs jouiffances morales & de leur raifon ».

« On peut conclure de la différence de ces deux effets dans la perte d'équilibre qu'éprouve le corps humain , que celui caufé par la gravitation douce & infenfible des folides eft le moins fâcheux. C'eft même fous ce rapport , que l'on doit confidérer l'amour de fa confervation qui n'eft autre chofe qu'une gravitation fur foi ».

« On

On voit , par cette citation , que l'idée du Magnétifme animal , émanée de celle du fluide univerfel , pourroit fe déduire de mes opinions , fi le mot de *Magnétifme animal* n'étoit pas abfurde en lui - même , & fi la théorie en étoit plus conféquente aux véritables propriétés de ce fluide , & aux rapports fous lefquels je viens de le confidérer & d'en conftater l'exiftence.

IIe QUESTION.

Ce fluide peut-il être vu , accumulé , concentré, tranfporté , répandu à volonté par aucune puiffance humaine ?

Ce fluide peut-il être vu ? Je répéterai, pour répondre à cette première demande , une partie de ce que je viens de citer dans ma définition du fluide élémentaire univerfel. Le fond des cieux , foit noir, foit couleur d'azur, eft le feul milieu dans lequel il annonce vifiblement fon exiftence. Cette illufion , (fi l'on veut que ç'en foit une) , eft égale à une vérité intellectuelle & phyfique même , quand on confidère que , fans le fecours de ce fluide & par un plein ou vide abfolu , nos yeux ne pourroient atteindre aux étoiles , ni parcourir les profondeurs de l'efpace.

C

Le fond des cieux eſt le ſeul milieu dans lequel nos yeux ſeulement puiſſent prendre une idée ſenſible du fluide univerſel ; & cependant M. Meſmer le fait voir & toucher à tout le monde ſur la ſurface opâque de ce globe. « M. Meſmer, (dit M. de Bonnefoy, dans ſon Analyſe raiſonnée des Rapports des Commiſſaires, page 9), en connoît des preuves phyſiques, & il nous a démontré que ce fluide étoit ſenſible à la vue & au tact ». Et dans un autre endroit, page 23 de cette même Analyſe, M. de Bonnefoy rapporte de bonne foi : « que ſi quelqu'un, dans l'obſcurité, préſente les extrémités de ſes pouces en face l'un de l'autre, à quelque diſtance, il voit, après un certain temps, des filamens ſemblables à des fils d'araignée qui vont d'un pouce à l'autre, *& que ces filamens là ſont le fluide univerſel* ».

Il faut convenir que M. Meſmer eſt, ou le plus grand Phyſicien qui ait jamais exiſté & qui exiſtera jamais, ou qu'il eſt le plus grand Magicien de tous les mondes poſſibles, pour faire voir & toucher, ou pour perſuader qu'il fait voir & toucher le fluide univerſel. Je ne nie pas les filamens émanés des pouces en contact d'atmoſphères ; cela peut très-bien s'expliquer. Mais, ſi l'on diſoit à M. Meſmer & à ſes Diſciples que le fluide univerſel, qu'ils prétendent voir & faire voir dans ces filamens, n'eſt pas plus le fluide universel, que ne l'eſt une étincelle électrique, ou une vapeur phoſphorique , M. Meſmer & ſes Diſciples ne ſeroient peut - être pas encore convaincus. Pour les convaincre , il faut les inſtruire en peu de mots de la Théorie de l'atmoſphère générale de la terre, & de celle des atmoſphères particulières & individuelles des corps animés.

Eſt il vrai : 1°. que la terre tourne ſur elle-même , & qu'en ce cas, elle doit être conſidérée comme une véritable machine électrique?

2°. Que cette rotation eſt la cauſe de la formation , ou du moins du maintien de ſon atmoſphère ?

3°. Que cette atmoſphère eſt compoſée de molécules ſolides & graves ?

4°. Que ces molécules ſolides & graves , miſes en mouvement par la rotation même de la terre ſur ſon centre , & par ſa révolution circonſolaire, compoſent ce que nous appellons l'*air réel ou permanent de l'atmoſphère qui circule autour de nous ?*

5°. Qu'outre cet air réel & permanent compoſé de particules ſolides & graves , il y a différentes ſubſtances aëriformes , ou vapeurs qui circulent dans le premier , & qu'on nomme *airs paſſagers* ou d'évaporation.

6°. Eft - il vrai encore qu'outre l'atmofphère générale de la terre , dans laquelle nous vivons ; & que nous refpirons & afpirons , chaque être animé à une atmofphère particulière & individuelle prife dans l'atmofphère réelle , permanente & générale de la terre , & en outre une atmofphère paffagère compofée des émanations de fon corps ; & que ces deux atmofphères ont un mouvement alternatif du centre à la circonférence , & de la circonférence au centre , regardé comme un mouvement de fyftole & de diaftole , & d'ailleurs , en des temps quelquefois égaux & quelquefois inégaux , un mouvement fucceffif & intermittent de dilatation & de condenfation ?

Si tout cela eft vrai , comme on n'en peut douter , il fe trouve donc , en premier lieu , que nos corps font immergés dans le fluide univerfel , & pénétrés par lui ; en fecond lieu , qu'ils font entourés de l'atmofphère générale de la terre qu'on a oubliée ou ignorée dans les fpéculations du Magnétifme animal ; & en troifième lieu , qu'ils font enveloppés de notre propre atmofphère individuelle , d'où il réfulte que les filamens apperçus par MM. Mefmer & de Bonnefoy , ne peuvent être autre chofe , comme les étincelles électriques , que le produit évident des molécules graves & folides de l'air atmofphérique général ou individuel , déterminées & portées fubitement vers un centre particulier de gravitation , lors des vibrations commotrices du fluide univerfel , & non le fluide univerfel lui-même.

Lorfque la vue eft un peu troublée , ainfi qu'elle l'eft dans les perfonnes malades ou en crife, & qu'elle fe fixe fur une bougie allumée , elle apperçoit ordinairement autour de cette bougie une auréole de filamens colorés. A-t-on jamais imaginé que c'étoit là le fluide univerfel , fur-tout depuis que l'on fait qu'il exifte un air atmofphérique , réel & permanent, & des fubftances aëriformes paffagères qui circulent dans cet air ? Nos fens font-ils conformés pour voir de près & toucher une effence plus fubtile que la lumière ; effence qu'il nous eft, tout au plus , permis de concevoir dans le fond des cieux, comme une preuve conftatée de fon exiftence ? Nous ne voyons pas la penfée & les combinaifons morales ; nous ne voyons pas le fon qui eft moins rapide que la lumière, & M. Mefmer prétend voir entre deux pouces le fluide univerfel qui eft la caufe & l'effence de tous ces phénomènes.

Accumuler, concentrer, tranfporter , répandre à volonté le fluide univerfel , eft un tour de force bien plus étonnant encore que celui de le voir & de le toucher. C'eft de plus , cependant une opération très-facile pour **M. Mefmer** & fes Elèves.

Prétendre accumuler & concentrer, par de fimples attouchemens ou par des vibrations éloignées, une fubftance compofée même de parties graves & folides, comme l'air atmofphérique, c'eft prétendre lui faire perdre fon équilibre & la comprimer; ce qui n'appartient, en petit, qu'aux procédés de la Chymie & de la Phyfique, & en grand, qu'aux procédés de la nature.

Prétendre de même tranfporter & répandre, par des attouchemens ou des vibrations éloignées, la même fubftance, c'eft ce qui n'appartient également qu'à la Phyfique & à la Chymie, en petit, & en grand, qu'aux procédés de la nature.

Mais prétendre accumuler, concentrer, tranf-porter & répandre à volonté le fluide univerfel qui eft répandu par-tout, & par-tout en équilibre avec lui-même, c'eft prétendre faire perdre & rendre à volonté l'équilibre aux corps céleftes & à la nature entière ! Comment le fluide univerfel qui eft une effence unigène, indivifible, indiffoluble, qui pénètre & circule librement dans tous les corps, qui eft compreffible & élaf-tique à l'extrême, qui échappe à la vue, quoiqu'il foit la caufe de la vue, qui échappe au tact, quoiqu'il foit la caufe du tact, qui eft plus fubtil que le fon, l'électricité, la lumière & la penfée, puifqu'il eft la caufe & l'effence du fon, de l'électricité, de la lumière, de la penfée, & qu'il femble échapper à la penfée même ; comment, dis-je, ce fluide pourroit-il être accumulé, concentré, tranfporté & répandu par aucune puiffance humaine ! Il n'y a que la Science magique de **M.** Mefmer qui puiffe fe vanter d'un pareil miracle.

Mais, au moins, ce fluide, m'objectera-t-on, fe tranfporte d'un lieu à un autre, puifque, dans ma définition, je dis : « fon flux & reflux, ou fes différentes directes ou courbes de vibrations, font caufés par la furabondance progreffive ou fubite des parties de la matière des folides, dans un lieu, & par leur rareté également progreffive ou fubite, dans un autre ». Oui, fans doute ; & ce flux & reflux fera facile à comprendre, quand on confidérera qu'il ne fe fait que comme le flux & reflux d'une vibration fur elle-même, c'eft-à-dire, loco-motivement, quels que foient les obftacles qui fe préfentent fur les directes ou les courbes de cette vibration ; & cela, parce que le fluide univerfel pénètre tous les corps. Une corde tendue & fixe, qui vibre fur elle-même, repouffe & infléchit les parties folides & graves de l'air, & des fubftances aëriformes qui font autour d'elle ; ce qui occafionne un dépla-

cement réel pour ces parties folides & graves ;
mais non pour la corde tendue. C'eſt aïnſi que
le fluide univerſel, occupant l'eſpace univerſel,
vibre ſur lui-même, en déplaçant les maſſes ou
atomes de la matière folide , ſans ſe déplacer
nullement de ſon côté. Le flux & reflux de la
mer que M. Meſmer a donné pour preuve de
celui du fluide univerſel, agit par le flux & reflux
de l'air atmoſphérique , compoſé de molécules
folides & graves ; & cette Théorie eſt bien différente de celle du fluide univerſel conſidéré
implicitement, & dans le rapport de ſes propriétés,
à ſes mouvemens & à ſes vibrations.

Réſumons : le fluide univerſel que M. Meſmer
a cru voir dans les filamens au bout des doigts,
n'eſt autre choſe qu'une ſimple vapeur ou une
étincelle électrique ſortie du corps humain ; ce
qui n'eſt pas nouveau. Ce fluide qu'il a cru accumuler & concentrer dans ſes malades, eſt l'effet,
de la part de ces malades , d'une gravitation ſur
ſoi , d'une attention particulière à s'écouter ,
lorſqu'on ſe met à ſon bacquet ; d'où réſulte
ſouvent une concentration de l'atmoſphère individuelle ; ce qui eſt nouveau à expliquer , mais
très facile à comprendre. Ce fluide qu'il a cru
tranſporter & répandre , eſt l'effet du contact ou
des vibrations d'une autre atmoſphère dilatée,
dirigées ſur celle qui eſt concentrée. Ce fluide,

enfin , dont il a cru fentir l'odeur , eft l'effet , ou de la tranfpiration des perfonnes admifes à fes traitemens , ou des émanations du bacquet , ou de celles des drogues que lui, ou fes Elèves, ont dans leurs poches , dans leurs habits , ou fur leur peau.

IIIᵉ QUESTION.

Peut-on , fans une abfurdité manifefte , propofer une Théorie & une Pratique , fous le nom de Magnétifme animal, & qui ne tiennent ni au fluide magnétique , ni au fluide électrique ?

NEWTON attribuoit tous les phénomènes de la Phyfique célefte & de la grande économie de l'univers à un principe unique , *l'attraction univerfelle* , dont il convenoit ne pas connoître la caufe. Il affirmoit pofitivement ce principe unique , tandis que , fans s'en douter , il démontroit , par les calculs les plus fublimes & les plus juftes , que les révolutions des planettes autour du foleil étoient l'effet de deux forces , une attraction & une répulfion alternatives & périodiques. Newton étoit excufable : on ne connoifloit point , de fon temps , l'électricité ni fes loix.

S'il les eût connues, il n'eût pas balancé un inftant, fans doute, à changer toute fa Phyfique célefte. Ses calculs géométriques n'auroient peut-être pas exigé la moindre correction. Ainfi, ce grand Homme avoit établi affirmativement un principe phyfique contraire & oppofé aux plus rigoureufes & aux plus vaftes démonftrations de fa Géométrie. Admirable inconféquence de l'efprit humain !

M. Mefmer, qui n'eft pas Géomètre ni un fecond Newton, attribue tous les phénomènes & tous les fecrets de la nature à un Magnétifme animal ou attraction, qui influe effentiellement & en tout fens fur la grande économie de l'univers, & qui, néanmoins, ne tient, ni à l'effence du fluide magnétique, ni à celle du fluide électrique, & cela dans un fiècle où le fluide magnétique & le fluide électrique font connus & regardés, l'un, comme l'effet de la compreffibilité du fluide univerfel, & l'autre, comme l'effet de fon élafticité. Si, d'un autre côté, les atmof-phères individuelles des corps animés font compreffibles & élaftiques en même temps, faillantes & rentrantes tour-à-tour, pofitives ou négatives, agitées ou calmes, comme on n'en peut douter, & comme je le démontrerai dans cet ouvrage, il en réfulte donc que le Magnétifme animal de M. Mefmer, qui opère fans toutes ces qualités réciproques, n'eft qu'un mot vide de fens. Newton admettoit un vide abſolu dans les eſpaces éthérés, pour écarter l'idée de la matière ſubtile de Deſcartes qui contrarioit ſes calculs, tandis qu'il reconnoiſſoit un fluide très-ſubtil pour expliquer la lumière & le principe vital des êtres animés. M. Meſmer reconnoît un fluide univerſel pour expliquer ſon ſingulier ſyſtème du Magnétiſme animal, & n'admet point, ou, pour mieux dire, ignore les deux ſeules propriétés de ce fluide, la compreſſibilité & l'élaſticité. Pitoyables inconſéquences de l'eſprit humain !

Il ne ſeroit pas néceſſaire, ſans doute, d'arguer plus long-temps contre l'étrange contradiction des idées & de la Science de M. Meſmer, avec le principe de ſa doctrine, s'il n'étoit queſtion de réduite à leur juſte valeur, & les prétentions qu'on a fondées ſur cette doctrine, & le mérite de celui qui s'eſt donné d'abord pour l'avoir inventée, & enſuite pour l'avoir perfectionnée. Mais ce que la poſtérité aura peine à croire, c'eſt que cet homme ſimple & bon, (tel qu'on le caractériſe dans une lettre de M. A.... à M. B...), a cru, de bonne foi, être le centre de toutes les Sciences & de tous les Savans. Après avoir vu, chez lui & à ſes traitemens, des perſonnes très-diſtinguées par leurs talens & leur réputation, il n'a pas douté que tout ce qui reſtoit dans la Capitale de gens inſtruits en Phyſique, en

Mathématiques, en Médecine , en Morale , en Politique , enfin en tout genre de Science , ne vînt bientôt lui rendre hommage. Les démarches qu'il a faites de fon côté , celles que fes partifans ont faites du leur , en font des preuves certaines.

I V^e Q U E S T I O N.

L'économie animale eft-elle fufceptible d'éprouver , par une Pratique ou un Art quelconque , l'influence unique du fluide univerfel ?

SUPPOSONS que , fous le nom de *Magnétifme animal* , M. Mefmer eût établi la véritable Théorie des propriétés du fluide univerfel , la compreffibilité & l'élafticité , il ne s'en fuivroit pas encore delà qu'il eût pu dire que l'économie animale étoit fufceptible de l'influence unique de ce fluide ; parce que ce fluide n'agit que par des intermédiaires qui font les atmofphères particulières ou générales , compofées de molécules ou atomes graves & folides. Si donc , (ainfi qu'il eft très-probable, ou, pour mieux dire, prouvé), l'électricité , le fon , la lumière & les mouvemens des êtres animés , n'influent fur nous que par des intermédiaires qui font des parties de la matière des folides mifes en ofcillation de fluides, il n'eft pas poffible d'admettre l'influence unique du fluide univerfel fur l'économie animale dans aucun cas, & par aucune Pratique quelconque.

Suppofons encore que M. Mefmer, par un effort de modeftie, après coup, convienne que, n'étant pas affez Phyficien pour donner une Théorie fuffifante & fatisfaifante, fous tous les rapports du fluide univerfel, il n'a eu autre chofe en vue, que d'apprendre aux hommes qu'il exiftoit dans la nature une caufe puiffante & active qui pouvoit, en produifant des phénomènes extraordinaires fur l'économie animale, contribuer à maintenir, conferver & rétablir cette économie. On répondroit à cela que M. Mefmer, ne connoiffant pas le principe, ne pouvoit pas connoître les conféquences. On ajouteroit que, fouvent, les expériences font illufoires, & qu'en fait d'expériences qui peuvent compromettre la confiance ou la fanté de fes femblables, il eft bon, furtout à Paris, avant de les faire, & même de les annoncer, de confulter des perfonnes habiles & inftruites. Manquer à cette règle qui doit être celle des gens honnêtes & modeftes, pour le cas dont il s'agit ici, c'eft manquer à l'humanité entière, à la Nation Françoife en particulier, & fur-tout au grand nombre de Savans que cette

Nation préfente aujourd'hui dans les Annales des Sciences & des Belles-Lettres. Mais cette rétifcence, de la part de M. Mefmer, fe conçoit facilement : j'en tairai les motifs qui doivent naturellement fe préfenter.

Vᵉ QUESTION.

Les atmofphéres individuelles des corps font-elles fufceptibles de dilatation & de condenfation ; fuivent-elles les mouvemens de l'intérieur de ces corps , & marquent - elles d'une manière différente & fenfible , l'état de l'homme malade & celui de l'homme en fanté ?

CETTE queftion eft d'autant plus importante, qu'en paroiffant donner une couleur de vérité à la doctrine du Magnétifme animal, elle va fervir à en faire connoître les preftiges & les erreurs, pour appliquer enfuite les phénomènes d'économie animale qui en réfultent, à des rapports plus fimples, plus naturels & plus juftes.

Il y a autour de chaque être animé une atmofphère individuelle , réelle & permanente, prife dans l'air réel & permanent de l'atmofphère générale de la terre , & qui fe moule & fe compofe

ſur le corps animé , comme la flamme d'une bougie , priſe dans celle d'un grand foyer , en devenant une flamme individuelle & particulière,
ſe compoſe ſur ſon nouveau centre d'action. Cette
atmoſphère peut être électriſée par celle d'un
autre être animé , poſitivement ou négativement.
Cette même atmoſphère peut être également
magnétiſée , poſitivement ou négativement , par
celle d'un autre être animé ; & , cela , ſous des
rapports conſidérés juſqu'à préſent , comme purement moraux & métaphyſiques , mais, en effet,
plus phyſiques qu'on ne penſe. Chaque être animé
a , en outre , de cette atmoſphère permanente,
une atmoſphère paſſagère qui eſt celle de la tranſ-
piration inſenſible , formée des émanations du
corps , laquelle éprouve , comme dans l'atmoſphère générale de la terre, différentes variations
& différentes températures, ſuivant le degré auquel
la chaleur animale varie dans le ſang & dans les
humeurs.

L'atmoſphère réelle & permanente d'un corps
animé eſt certainement ſujette à ſe dilater & à ſe
condenſer comme celle générale de la terre. Son
atmoſphère paſſagère eſt ſujette également à ces
mêmes effets. Mais quelle différence y a-t-il entre
la dilatation & la condenſation de l'atmoſphère
réelle & permanente d'un corps animé, & la dilatation & condenſation de ſon atmoſphère paſſagère ?

Celle , fans doute , qui s'opère dans l'atmofphère générale de la terre ; c'eft-à-dire que la dilatation ou condenfation alterne & périodique de l'atmofphère réelle & permanente d'un corps animé , ne fignifie rien contre fon état naturel & habituel de fanté , tant que cette dilatation ou condenfation eft conforme à l'état de l'atmofphère réelle & permanente de la terre ; mais que la dilatation ou condenfation de fon atmofphère paffagère indique des variations & des changemens dans l'économie animale , comme la dilatation ou condenfation de l'atmofphère paffagère de la terre , en indique dans la maffe totale de cette atmofphère.

Ce que je viens de dire fe conçoit au premier apperçu. Chacun fait & éprouve qu'il y a des tranfpirations arrêtées fur tout le corps , ou fur une partie feulement , & que , d'un autre côté , il y a des tranfpirations extraordinaires d'une partie du corps , ou de toutes les parties , qu'on appelle *fueurs*. Qu'arrive-t-il lorfque la tranfpiration totale eft arrêtée ? Qu'on eft malade. Qu'arrive-t-il lorfque la tranfpiration eft arrêtée aux extrêmités des pieds , des mains & de la tête , & qu'elle fe foutient au milieu du corps ? Qu'on fouffre des pieds , des mains , de la tête , & que le milieu eft tranquille. Qu'arrive-t-il lorfque la tranfpiration eft arrêtée au milieu , & qu'elle fe

foutient

foutient aux extrêmités ? Qu'on eft malade par-tout ailleurs qu'aux extrêmités.

Qu'arrive-t-il d'une tranfpiration extraordinaire appellée fueur ? Que la partie ou toutes les parties qui en font affectées s'affoibliffent , fur - tout fi cette fueur dure au-delà du temps néceffaire pour rejetter feulement les fubftances aëriformes ou aquiformes qui portent en elles une humeur morbifique. Ainfi , la dilatation & la condenfation naturelles ou accidentelles de l'atmofphère paffagère des corps animés , en hiver comme en été , peuvent être regardées comme une vérité reconnue , & cette vérité donne des règles sûres pour juger de l'état de. fanté ou de maladie dans les hommes, & même pour s'établir chacun , à part, un régime , un exercice & des principes de confervation ; c'eft - à - dire , que pour jouir d'une fanté parfaite , il faut faire en forte que la dilatation ou condenfation des deux atmofphères , la permanente & la paffagère , fe faffe en même temps.

D'un autre côté , fi l'atmofphère individuelle-permanente fe condenfe autour du corps animé , tandis que l'atmofphère paffagère , ou d'émanations propres , fe dilate , comme cela arrive dans les friffons , n'eft-ce pas une preuve qu'il n'y a plus d'équilibre entre ces deux atmofphères , & par-conféquent , entre les humeurs intérieures ? De

D

même fi l'atmofphère individuelle-permanente fe
dilate autour du corps animé , tandis que l'atmofphère paffagère fe condenfe , comme cela
arrive enfuite dans la chaleur de la fièvre , & ce
qui fe reconnoît à une odeur fétide & pefante
qui provient de l'atmofphère paffagère condenfée,
n'eft-ce pas une feconde preuve de la perte d'équilibre entre ces deux atmofphères qui fe dilatent
& fe condenfent d'une manière tout-à-fait oppofée
l'une à l'autre, & dans des temps difiérens.

Mais il y a différentes efpèces de fièvres : les
intermittentes & les continues , &c.? Il y a par-
conféquent auffi, entre les deux atmofphères ,
la permanente & la paffagère, différentes manières
d'agir , lorfqu'elles perdent leur équilibre entre
elles ; c'eft-à-dire , qu'elles le perdent , ou à
chaque inftant, ou dans des temps périodiques,
tantôt de la part de l'une , & tantôt de la part
de l'autre , & tantôt plus ou tantôt moins , fuivant
le progrès ou le déclin de la maladie. Cette
perte d'équilibre entre les atmofphères réelles &
les paffagères des corps animés , fe rapporte à
ce que nous voyons fouvent dans l'atmofphère
générale de la terre, & aux caufes qui produifent
les ouragans, les tempêtes, les tremblemens de
terre , enfin les crifes que la nature éprouve en
grand. Au refte, ce jeu des atmofphères permanentes avec les atmofphères d'émanations propres,

dans les fièvres, n'eft pas plus difficile à concevoir que le jeu des pulfations ; & ces deux effets
font tellement liés entre eux, que la Théorie du
pouls nous donne celle des atmofphères individuelles.

« Outre les variations particulières de nos atmofphères individuelles, nous éprouvons encore
les variations générales de l'atmofphère de la terre,
& ces variations deviennent funeftes lorfque le
foyer de l'économie animale n'a pas affez de
force pour en repouffer les influences, & fup-
porter le paffage d'une variation à l'autre. Il ne
faut pas croire, cependant, que toutes les maladies qui nous viennent de l'air, foient pro-
duites par les variations de l'atmofphère paffagère de la terre, & par l'influence de fes vapeurs
vifibles & fenfibles. Un miafme invifible & infenfible fait fouvent partie de l'atmofphère la plus
calme, la plus brillante & la plus pure en appa-
rence. La pefte, fous le ciel le plus ferein, fur
le fol le plus defféché, dans les plus beaux jours
de l'année, au milieu d'un air parfumé que l'on
refpire avec délice, frappe fouvent la multitude
étonnée ; & l'on n'a point encore cherché d'où
partent les traits perfides de cet efprit exter-
minateur. L'air réel & permanent de l'atmofphère
paroît le recevoir dans fon fein, & le cacher dans
l'équilibre de fes propres parties conftituantes. Ce

miafme fe communique aux hommes par le contact de leur atmofphère permanente , avec la
partie de l'atmofphère permanente de la terre
qui s'en trouve imprégnée. C'eft une étincelle
qui allume un grand foyer , & qui, trouvant dans
chaque atmofphère réelle des animaux , une forte
de matière combuftible , étend & multiplie fes
ravages de toutes parts. Sa manière d'agir fe
conçoit facilement , quand on confidère qu'un air
totalement dénaturé & trop phlogiftiqué, en dé-
naturant & en phlogiftiquant trop celui des atmofphères permanentes qui ont été en contact avec
lui , doit changer totalement la nature compo-
fante de leurs principes antérieurs , & par conféquent détruire l'équilibre de ces atmofphères avec
celles des émanations ; d'où réfultent une fermentation extraordinaire dans les humeurs , &
bientôt la deftruction entière de l'économie animale. « *Extrait du Manufcrit de mon* 5e *vol.
des N. P. de Phyfique. Voyez , d'ailleurs , dans
le tome* 3 *imprimé , page* 225 *& fuiv. l'explication
que je donne des caufes de la pefte & des moyens
de la détruire.*

VIe QUESTION.

Peut-on tirer des conséquences de l'exiſtence des atmoſphères individuelles des corps animés, de leurs variations & de leur perte d'équilibre, lors d'une maladie, en faveur des effets produits par la Pratique appellée Magnétiſme animal?

LORSQUE la Théorie de ces atmoſphères, de leurs variations & de leur perte d'équilibre entre elles & avec l'atmoſphère générale de la terre, ſera mieux connue, on pourra certainement en tirer des conſéquences pour l'adapter à une Pratique médicale; &, quoi qu'il en ſoit aujourd'hui, & du Magnétiſme animal, & de la fauſſe application du Principe de cette Doctrine à la Théorie, & des prétentions de M. Meſmer, à guérir preſque toutes les maladies, il n'en eſt pas moins vrai que les effets produits par ſa Pratique, en devenant une preuve de l'exiſtence des atmoſphères individuelles & particulières des corps animés, des variations de ces atmoſphères & de leur perte d'équilibre entre elles, lors d'une maladie, deviennent en même temps une preuve de l'influence de ces atmoſphères, les unes ſur les autres , par le contact médiat ou immédiat. Cette influence, en agiſſant immédiatement, produit , ou poſitivement , ou négativement , ou activement , des effets phyſiques & moraux , relatifs à l'état de ſanté ou de maladie de chacun des deux individus en contact. C'eſt-à-dire , que ſi l'une des deux atmoſphères individuelles eſt en perte d'équilibre , elle eſt affectée poſitivement par le contact de celle qui conſerve cet équilibre , & qui tend à le lui rendre d'une manière conforme à l'état de la ſienne propre. Ce qui influe néceſſairement ſur le phyſique de l'individu malade , & , par conſéquent, ſur ſon moral , comme on le conçoit très-bien. Si, au contraire, les deux atmoſphères individuelles, en contact immédiat , ſont parfaitement en équilibre , chacune de leur côté , elles ſont affectées toutes deux négativement ; ce que M. Meſmer appelle *Antimagnétiſme animal.* Il eſt vrai néanmoins que , dans ce cas, le regard, les diſcours & les geſtes produiſent toujours quelques ſenſations extraordinaires qui tiennent à la ſingularité de cette circonſtance ; mais on ne doit point en tenir compte ici , dès que les perſonnes ſe portent bien. Si , d'un autre côté , les deux atmoſphères individuelles , en contact immédiat , ſont toutes deux en perte d'équilibre , comme chez deux perſonnes malades couchées enſemble , alors ces

deux atmofphères font affectées activement, &
contribuent, l'une par l'autre, à augmenter le
mal des deux individus. Ce qui eft très-facile à
comprendre, & ce qui nous avertit que, dans
une Pratique d'attouchemens quelconque, deux
perfonnes, décidément malades, ou même en
mauvaife fanté, fe nuifent néceffairement & plus
qu'on ne penfe.

Cette influence, en agiffant médiatement,
c'eft-à-dire, par le regard, la voix & le gefte
dont l'air atmofphérique général eft le conducteur, produit auffi pofitivement, ou négativement, ou activement, des effets phyfiques &
moraux, relatifs à l'état de fanté ou de maladie
de chacun des deux individus en contact médiat.
Ces effets font pofitifs lorfque le regard, la voix
& le gefte de l'un des deux individus font plus
d'impreffion fur l'autre, que le regard, la voix
& le gefte de l'autre n'en font fur lui. Ce qui
eft pour le phyfique, l'impreffion que peut faire,
de cette manière, un homme en fanté fur un
malade; &, pour le moral, l'impreffion que fait
un homme vif, emporté, paffionné, fur un homme
doux, paifible & timide. Ils font négatifs lorfque
l'impulfion, étant égale des deux côtés, n'excite
d'aucune part ni joie, ni douleur, ni colère, ni
haine, ni fentiment d'amitié ou d'amour. Cette
impreffion eft égale à zéro pour le phyfique &

le moral, comme par exemple, dans la rencontre de deux hommes qui fe regardent, fe parlent, s'écoutent, fans fe connoître & fans concevoir aucune affeƈtion l'un pour l'autre. Ces effets font aƈtifs lorfque l'impreſſion, étant égale des deux côtés, elle excite des deux parts des mouvemens phyſiques très marqués, des excès de joie ou de douleur, la colère, la haine, ou des fentimens vifs d'amitié ou d'amour. Ce qui eſt, pour le phyſique & le moral, le cas de la rencontre de deux hommes ennemis ou de deux amis, ou de deux amans, ou de deux perfonnes animées par des intéréts & des fentimens entièrement oppofés.

Tout ce que je viens de dire dans cette queſtion & dans la précédente, juſtifieroit, en quelque façon, la Pratique du Magnétifme animal de M. Mefmer, ſi la Théorie en avoit été réduite à fa juſte valeur, & ſi de ſimples phénomènes d'économie animale, qui paroiſſent miraculeux aux uns & impoſſibles aux autres, avoient été conçus, expliqués & annoncés, comme ils devoient l'être, avec connoiſſance de caufe, fans prétention & fans enthouſiafme. Mais voyons juſqu'où cette prétention & cet enthouſiafme, effets ordinaires de la préfomption, ont égaré M. Mefmer & fes partifans. Ecoutons un de fes plus zélés Défenfeurs, l'Auteur *des Lettres ſur le Magnétiſme animal*, dans ſa critique contre le Rapport de MM. les Commiſſaires de la Faculté de Médecine & de l'Académie des Sciences.

« Il y a dans le Magnétiſme animal, (dit cet Auteur, page 89 de ſes lettres ſur le Magnétiſme animal) des faits, tels que ceux que je cite à mon 64ᶜ paragraphe , qui ne peuvent ſe conce-voir, ni comme effets de l'imagination ; car n'étant pas avertie, elle ne peut ſe frapper à point nommé ; ni comme effets de l'imitation ; les malades ne voyant rien alors, ni comme effets de l'attouche-ment ; on les procure ſans attouchement. Ils ont une autre cauſe que MM. les Commiſſaires n'ont point déſignée ».

« Ces effets ne peuvent être expliqués, (dit-il enſuite page 90), que par l'action d'un agent très-ſubtil. On emploie donc un agent très-ſubtil dans le Magnétiſme. Cet agent, voyez page 5 du Rapport de l'Académie des Sciences), ne tient ni à l'aimant ni à l'électricité ; il faut donc lui donner un autre nom. M. Meſmer l'a appellé Magnétiſme animal ».

Ainſi l'Auteur des lettres ſur le Magnétiſme animal , prétend expliquer la cauſe que MM. les Commiſſaires n'ont pas déſignée aux trois phé-nomènes cités ci-deſſus, par un agent très-ſubtil qui ne tient ni à l'aimant ni à l'électricité. C'eſt à-peu-près comme s'il vouloit réſoudre le problême des trois corps par zéro. Mais, quoi qu'il en foit de cette confiance de M. Mefmer & de fes défenfeurs, en un agent très-fubtil qui ne tient ni à l'aimant ni à l'électricité, pourfuivons leur illufion jufques dans les phénomènes les plus brillans & les plus extraordinaires de leur Magnétifme; ceux dont MM. les Commiffaires de la Faculté & de l'Académie des Sciences n'ont pas défigné la caufe.

VIIe QUESTION.

Les phénomènes du Magnétifme animal, qui paroiffent fortir de la claffe ordinaire, & qui ont lieu, fans attouchemens & les yeux bandés, par des effets marqués, par des crifes, des convulfions, peuvent - ils être autre chofe, dans l'individu qui les éprouve, que le produit d'une gravitation profonde fur foi, d'une concentration de fon atmofphère individuelle, d'une abforption & d'une abftraction totale de fes facultés externes?

Sı les atmofphères individuelles des corps font fujettes à fe dilater & à fe concentrer, par les caufes que j'ai expliquées plus haut, elles font encore fujettes à ces deux effets par la volonté de l'individu même, qui, en marchant, s'agitant,

fautant, dilate néceffairement la fienne, & qui ,
en fe repofant, fe calmant, s'écoutant, la concentre
par une raifon contraire & très-conféquente. Or ,
fi tout cela eft vrai, comme perfonne n'en peut
douter , un homme qui concentre fon atmofphère
en s'écoutant avec attention , & en gravitant fur
lui-même un certain temps, (ou deux ou trois
heures comme les perfonnes au bacquet), a-t-il
befoin d'être touché, d'être regardé, & d'y voir
clair lui-même pour que fon atmofphère devienne
plus fenfible qu'auparavant , aux moindres mouvemens étrangers qui fe pafferont autour de lui,
aux moindres fenfations que l'idée d'un Magnétifme animal lui aura fait naître ; enfin , aux
moindres impreflions de l'air extérieur ? Car, s'il
eft abfolument feul, ou qu'il règne un profond
filence dans la falle où il fe trouve, le moindre
bruit , la moindre agitation de l'air pourra lui
occafionner un frémiffement, une fauffe peur ; & une
fauffe peur peut produire des crifes ; cela fe voit
tous les jours , chez les femmes fur-tout. S'il y
voit clair , & qu'il foit feul ou en compagnie ,
le même effet aura lieu tant que durera la concentration de fon atmofphère : fon état étant abfolument alors celui d'une perfonne extafe. M. Mefmer, ou un de fes Elèves, arrive ; il lève le doigt,
faveur que l'extafié du bacquet attend machinale-
ment, & , fur le champ, l'atmofphère de la

perfonne extafiée fe dilate , fon genre nerveux
frémit , & fon fang & fes humeurs coulent avec
plus de rapidité. C'eft bien là certainement l'effet
d'une fauffe joie ou d'une fauffe peur ; & tout
le monde fait que les fauffes joies , les fauffes
peurs ou les fimples frémiffemens de nerfs , peuvent
donner des crifes , des convulfions même ; fur-tout
fi le genre nerveux eft très fufceptible d'ébran-
lemens.

Maintenant , fi la perfonne qui concentre ainfi
fon atmofphère , a en outre , d'un genre nerveux
très-foible & très-délié , des vapeurs , des obf-
tructions , enfin une maladie quelconque , elle eft
bien autrement affectée. Toute fon attention fe
porte fur le fiège de fon mal , parce que fon
atmofphère individuelle permanente a perdu fon
équilibre avec celle des émanations fur cette
partie malade ou obftruée , & que l'atmofphère
générale , ou celle d'une autre perfonne voifine ,
agit & preffe plus fur cette partie que fur les
autres. Ainfi cette perfonne difpofée par elle-
même , par le fentiment local de fon mal , par
l'idée de fa fouffrance promue au cerveau , par
celle de l'efpoir d'une guérifon , par celle d'un
Magnétifme animal , enfin , par une atmofphère
concentrée , eft dans l'état le plus favorable à recevoir , non-feulement les impreffions ou fignes du
doigt , des pouces , de la main & de la baguette

de M. Mesmer, mais les signes du doigt, des pouces, de la main & de la baguette du Grand Mogol.

M. de Jussieu a cité dans son Rapport, page 23 , deux exemples qui démontrent qu'une personne sujette à des crises, & distraite pendant l'opération du Magnétisme, par une conversation, ou par d'autres accidens , n'éprouve d'autre impression que celle de la chaleur. C'est qu'alors l'atmosphère individuelle de cette personne n'est plus concentrée. La concentration des atmosphères est donc la condition requise pour obtenir des effets extraordinaires.

Maintenant, si plusieurs individus malades, demi-malades, quarts de malades, après s'être ainsi concentrés au bacquet, (ou en pleine campagne, car c'est la même chose), forment la chaîne, alors toutes les atmosphères individuelles, agissant les unes sur les autres, on voit pleurer ceux-ci, parce que leur atmosphère se concentre encore davantage par la pression des autres ; on voit rire ceux-là parce que leur atmosphère se dilate, & tomber les autres en crise , parce que leur atmosphère permanente perd son équilibre avec la passagère. Tous ces effets ne sont donc point produits par l'action unique & immédiate du fluide universel , puisqu'il y a des atmosphères intermédiaires ; ni par le Magnétisme seul , puisqu'il y a

tantôt une attraction & tantôt une répulſion ;
ni par aucune vertu hors de la nature, puiſque la
nature ne produit point d'effets dont les cauſes
ne ſoient en elle, & ne puiſſent s'expliquer phyſiquement. Paſſons à une autre queſtion qui eſt
le complément de celle que je viens de traiter.

VIIIe QUESTION.

*Ces phénomènes, de la part de celui qui prétend
les opérer ſeul, par la vertu de ſon ſecret,
ſont - ils autre choſe que l'effet de ſon atmoſphère individuelle, s'il y a contact immédiat,
& de ſa ſphère d'activité, s'il y a trop de diſtance
pour pouvoir les rapporter à la première cauſe ?*

Sɪ le corps humain eſt une machine électrique
toujours en action ſur elle-même, comme on
n'en peut douter, d'après ſon économie animale
& l'élaſticité de ſon atmoſphère permanente, on
ne ſera pas étonné des effets que le doigt, ou
les pointes ſaillantes de ce corps qui ſont des
conducteurs de ſon électricité totale, produiſent
ſur la ſenſitive (6), & encore moins ſur d'autres

____

(6) S'il étoit beſoin d'expérience pour prouver que le
corps humain eſt une machine électrique continuellement

pointes faillantes & même rentrantes d'un autre corps auffi électrique que lui. On ne fera pas même étonné que ces vibrations électriques atteignent, à une certaine diftance, & par la communication de l'atmofphère générale, l'atmofphère individuelle d'une autre perfonne, fi l'on confidère que la feule inquiétude que donnent fouvent un regard, un figne, (comme cela arrive quelquefois dans les cours), peut occafionner des mouvemens fpafmodiques dans le fiège de l'imagination, & des affections phyfiques très-extraordinaires dans toute l'économie animale. A plus forte raifon,

---

en action, l'effet que l'attouchement de ce corps produit fur la fenfitive, en feroit une bien déterminante; de même que l'électricité artificielle attire les corps légers, & fait converger un faifceau de fils de foie ou de nerfs; de même le corps humain attire & fait converger les feuilles de la fenfitive, en condenfant l'atmofphère de cette plante, & en contractant les fibres ou filamens des nervures de fes feuilles. Ces fibres ou filamens font d'ailleurs tellement électriques par eux-mêmes, que les influences de l'air, de l'eau, du froid & du chaud, agiffent fur elles d'une manière bien plus fenfible que fur les fibres des autres végétaux. Or, le véritable méchanifme de contraction dans la fenfitive, lorfqu'elle eft touchée, provient, d'un côté, de la fineffe de fes fibres, & de la ftructure des nervures de fes feuilles & de fa tige, & de l'autre, de la faculté électrique du corps humain.

un regard & un figne annoncés fous la magie d'un fecret peuvent-ils produire des effets fur une atmofphère individuelle, expreffément concentrée & difpofée pour cela. Ainfi, dans les deux circonftances que je viens d'établir, foit qu'il y ait contact immédiat ou médiat des deux atmofphères individuelles, ce n'eft pas plus la Science de l'un que la confiance de l'autre, qui opère le phénomène ; c'eft la faculté qu'ils ont tous deux de s'électrifer de près & de loin. Ajoutons que, dans ces deux cas, & même dans celui où l'un eft malade & l'autre en bonne fanté, il n'y a abfolument point de Magnétifme, & que tout ce qui en réfulte appartient entièrement à l'électricité du corps humain, qui dérive de l'électricité générale de l'atmofphère de la terre ; à moins que M. Mefmer n'ait changé depuis peu cet ancien état des chofes.

Si le corps humain, en même temps qu'il eft une machine électrique, eft encore une machine magnétique, comme on n'en peut douter, non d'après les poles que M. Robert Flud & enfuite M. Mefmer ont fuppofés dans ce corps, mais d'après fon économie animale & la compreffibilité de fon atmofphère, on ne fera pas étonné non plus des effets fenfibles que la preffion des mains, des doigts, &c. peut produire, par des attouchemens immédiats, fur le creux de l'eftomac, fur les tempes, les hypocondres & par-tout ailleurs,

ailleurs, parce que l'atmofphère individuelle des corps eſt par-tout compreſſible comme l'atmoſphère générale de la terre. Seroit-on, en effet, plus étonné de trouver, dans cette Faculté magnétique, la raiſon des phénomènes produits par un attouchement immédiat ou médiat ſur les parties rentrantes & compreſſibles du corps humain, que de trouver, dans ſa Faculté électrique, celle des effets produits par des pointes ou extrêmités, en contact médiat ou immédiat, avec ſes parties ſaillantes & élaſtiques. De tout cela, cependant, on n'en peut rien conclure en faveur du Magnétiſme animal de M. Meſmer, puiſque ce Magnétiſme ne tient pas non plus au Magnétiſme de l'aimant qui n'agit que par la compreſſibilité des atmoſphères. Quoi qu'il en ſoit, au reſte, du peu de rapport qui ſe trouve entre mes opinions & celles de M. Meſmer, je penſe que cette Théorie qui conſidère le corps humain comme une machine électrique & magnétique en même temps, explique les vrais principes phyſiques de nos affections & de nos ſenſations ; & j'ajoute que ſi elle ne ſatisfait ni les Savans ni les Meſmérites, je les prie d'en ſubſtituer une autre qui ſoit plus ſûre, plus juſte, plus analogue aux effets de la nature ; car mon but eſt autant de profiter des lumières des autres que de faire valoir les miennes. Mais je vais développer en plus grands détails , cette Théorie, dans les deux queſtions ſuivantes.

I Xᵉ QUESTION.

Ces phénomènes dans les attouchemens ſont donc, comme dans l'électricité & le Magnétiſme , le produit du concours de l'atmoſphère individuelle de ceux qui touchent & ſont touchés, avec un fluide univerſel, élaſtique & compreſſible à l'extrême ?

CE qu'il y a de piquant , j'oſe le dire, dans cet ouvrage , c'eſt qu'à fur & meſure que l'exiſtence du fluide univerſel , ſur laquelle M. Meſmer & ſes partiſans ſe rabattent ſans ceſſe, ſe démontré ſous des rapports plus étendus , l'ignorance de ce Docteur ſe développe de même dans un plus grand jour. Comme on pourroit dire cependant que je n'ai employé juſqu'à préſent, dans mes diſcuſſions & mes aſſertions , que l'autorité de mes propres principes, je vais citer ici celle d'un Savant connu , M. Caillet de Vaumorel, Médecin de la Maiſon de MONSIEUR. Ce Médecin, *dans ſa Deſcription de la machine électrique négative & poſitive de M. Nairne , avec les détails de ſes*

*applications a la Phyfique , & principalement à
la Médecine ,* divife l'électricité en deux fluides :
l'un naturel , éthéré , *imperceptible , inodore ,* &c.
lequel remplit l'efpace qu'occupent tous les
aftres , & les intervalles qui fe trouvent entre
eux ; l'autre qui devient apparent par la combi-
naifon , odorant , fufceptible d'être foumis à l'analyfe , &c. Il démontre l'imperfection des machines
pofitives & négatives conftruites jufqu'à ce jour ,
la diftinction de ces deux électricités qui font encore ignorées de bien des perfonnes , & donne
le moyen de conftruire une machine électrique
fimple , peu coûteufe & fans conducteur , propre
à électrifer pofitivement & négativement plufieurs
malades à la fois , &c.

Voilà donc un Savant qui vient de démontrer ,
par des expériences bien conftatées , ce que j'ai ,
le premier , très-affirmativement avancé *dans mes
N. P. de Phyfique , pages 23 & fuiv. tome 2 , imprimé en 1781.* Savoir : « que l'électricité n'eft
» point l'effet d'un fluide particulier & diftinct ,
» que l'on puiffe nommer *fluide électrique ,* mais
» le produit de la réfiftance que le fluide élémen-
» taire univerfel éprouve fur la furface de cer-
» tains corps & de l'élafticité qu'il acquiert , &
» communique aux atmofphères des corps co-in-
» cidens ».

Or , par les expériences de M. C. de V. les

molécules graves, folides & inélastiques, qui
entrent dans la constitution des atmosphères des
corps, se distinguent du fluide universel, imperceptible, inodore & seul élastique, par des ap-
parences visibles, telles que les étincelles électriques, l'odeur & les analyses que la Chymie
en peut faire. Il est bien clair alors qu'il y a
deux causes concurrentes dans l'électricité : savoir, le fluide universel qui donne l'élasticité
aux particules graves, folides & inélastiques
des atmosphères, & ces particules qui reçoivent
cette impulsion de lui, après avoir acquis antécé-
demment, par son moyen, l'état de fluidité atmos-
phérique.

Puisqu'il est démontré, par des expériences,
que l'électricité est le produit de deux causes
concurrentes le Magnétisme, ou attraction des
corps, doit être aussi, de son coté, le produit
de deux causes également concurrentes : savoir,
la compressibilité du fluide universel & la com-
pression des particules, graves, solides, incom-
pressibles, mais comprimantes des atmosphères.
Cette nouvelle Théorie de l'attraction de l'aimant
& des corps célestes, qui se trouve aussi com-
prise & établie sous tous les rapports dans mes
N. P. de Physique, n'est pas plus difficile à concevoir que celle de l'électricité. Mais, comme
quelques Savans de ce siècle, par une prudence

de génie qui leur est particulière sans doute, ne veulent rien entendre, ni admettre de nouveau, qu'après des expériences qu'ils auront faites eux-mêmes, il faut bien attendre ces expériences pour les convaincre (7).

En attendant, je persuaderai toujours aux personnes qui sont assez hardies pour combiner des rapports d'intelligence physique & mathématique,

---

(7) Il y en a quelques-uns qui trouvent plus commode encore de profiter des idées des autres, pour faire des expériences ; &, après avoir réussi dans ces expériences, ils s'attribuent toute la gloire de la découverte, & se gardent bien de citer, dans les beaux mémoires qu'ils lisent & publient, la source où ils ont puisé leur Théorie. Ils osent même dire que tout le mérite d'une invention appartient à celui qui en fait l'expérience ; mais ils auront beau dire, les manipulateurs d'expériences ne seront jamais regardés que comme les manouvriers de l'homme de Génie. Celui-ci, en combinant une foule de rapports, trace & dessine par la marche & le méchanisme de ses idées, la marche & le méchanisme de la nature. C'est donc dans le plan de ses combinaisons que se trouve celui des expériences à faire. Sur quoi, d'ailleurs, les faiseurs d'expériences pourroient-ils s'exercer si l'homme de Génie ne leur fournissoit des données. Je ne dis pas qu'il n'y ait des faiseurs d'expériences doués d'assez de Génie pour imaginer eux-mêmes de nouvelles données ; mais ils sont fort rares, parce que le travail de la main empêche souvent celui de la tête.

ſans inſtrumens de Phyſique, de Mathématique &
de Chymie, que les phénomènes du ſecret de
M. Meſmer, dans les attouchemens, ne ſont
que le produit d'une électricité & d'un Magnétiſme naturels, combinés dans l'économie animale ; & que ce produit eſt donné par l'élaſticité du fluide univerſel, d'un côté, par ſa
compreſſibilité, de l'autre ; & en même temps
par le concours de la preſſion & repreſſion des
particules graves & ſolides des atmoſphères. Ce
qui eſt préciſement tout le contraire de ce que
M. Meſmer avance dans ſa Théorie, puiſque
ſon Magnétiſme animal ne tient ni au fluide
électrique, ni au fluide magnétique. A quoi
tient-il donc cet étonnant Magnétiſme animal ?
C'eſt ce que M. Meſmer ne ſaura ſans doute qu'après
la lecture de cet ouvrage.

Xᵉ QUESTION.

*Ces phénomènes, dans leur influence, à des dif-
tances éloignées, fur le genre nerveux & l'imagination, font donc, comme dans l'électricité &
le Magnétifme, le produit du concours des atmofphères individuelles, plus de l'atmofphère
générale de la terre, avec le fluide univerfel ?*

Les atmofphères individuelles & particulières
des corps animés, fe trouvant enveloppées de la
grande atmofphère générale de la terre, & toutes
immergées dans le fluide univerfel qui leur a
imprimé à toutes un caractère de fluidité, fe
correfpondent néceffairement toutes par les tan-
gentes d'une grande fphère, qu'on appelle fphère
d'activité. Cette fphère, dans une autre queftion,
pourroit s'étendre de l'un à l'autre pole, & l'on
pourroit magnétifer un homme à quatre mille
lieues d'ici, en lui annonçant, par lettre, qu'il
vient de faire une riche fucceffion à Paris ; ce
qui ne manqueroit fûrement pas de l'attirer au
plutôt dans cette Capitale. Mais il ne s'agit,
pour le moment, que de la fphère d'activité,
dans laquelle nous pouvons faire appercevoir des

fignes & des mouvemens, & faire entendre les
fons de notre voix à des perfonnes qui ne font
pas affez éloignées de nous pour s'y fouftraire.
Or, ces fignes, ces mouvemens, ces fons, en
fe propageant jufqu'aux organes de la perfonne
qu'on en a vue, font - ils autre chofe que de
fimples vibrations du fluide univerfel, tranfmifes
par l'atmofphère générale interinédiaire à l'atmofphère individuelle de la perfonne qui en eft l'objet.
Quel eft le centre d'où partent ces vibrations ?
N'eft-ce pas d'un foyer électrique, celui du corps
humain ? Quel eft le centre qui les reçoit? N'eft-ce
pas un autre foyer également électrique, & en
même temps magnétique, pour pouvoir recevoir
dans fon atmofphère les impreffions données ?

Ces impreffions, à la vérité, peuvent être affez
fortes de la part de l'un des deux fur l'autre, pour
affecter, non-feulement l'imagination de ce dernier, mais le fiège de fon imagination, le cerveau;
& cependant on ne peut pas en conclure que
les regards, les geftes & le fon de voix de celui
qui a produit de telles impreffions fur l'autre,
ait fait écouler une partie du fluide univerfel qui
agit chez lui, dans les yeux, les oreilles & le
cerveau de l'autre qui eft affecté de ces impreffions. On ne peut pas dire de même d'un homme
qui a reçu des commotions électriques, par le
moyen de la machine électrique artificielle, qu'il

ait été rempli de ce fluide plus qu'à l'ordinaire ; mais bien que les commotions qu'il a éprouvées dans son atmosphère individuelle & sur les surfaces de ses solides, extérieurement & intérieurement, ont opéré des secousses propres à rendre aux humeurs & au sang une circulation plus libre & plus favorable à l'économie animale.

Ainsi, la véritable cause de tous les effets produits sur l'imagination par les regards, les gestes & la voix, est celle d'une suite de vibrations loco-motives, opérées dans le fluide universel par le ressort du genre nerveux des organes de l'être animé, & transmises à certaines distances, par l'atmosphère générale, sur les atmosphères particulières des corps.

L'imitation qui est un des autres phénomènes du Magnétisme animal, est le produit d'une imagination assez affectée par les causes que je viens d'expliquer, & par celles déduites dans la 7e & 8e questions, pour rendre mouvemens pour mouvemens, signes pour signes, crises pour crises, &c. M. Mesmer n'a pas plus opéré de miracle en cela, que MM. les Commissaires du Rapport n'en ont trouvé dans les expériences qu'ils ont faites à ce sujet. On rioit, on chantoit, on dansoit, on bailloit, on avoit des vapeurs & des convulsions en France, par imitation, avant l'ar-

rivée de ce grand Docteur, & avant le Rapport
de MM. les Commissaires.

XIe QUESTION.

L'économie animale considérée physiquement, ensuite
moralement, ensuite médicalement, n'offre-t-elle
pas des raisons, malgré l'absurdité de la Théorie
du Magnétisme animal de M. Mesmer, pour
admettre, comme calmans & même comme dis-
positifs salutaires, les effets des attouchemens
immédiats & les sensations opérées médiate-
ment dans le cerveau par les regards, les
discours & les gestes ?

LA Théorie du Magnétisme animal de M. Mesmer, n'étant fondée que sur le vague de quelques
mots, & sur la contradiction des causes annon-
cées, avec les effets produits, il s'ensuit que les
principes que je viens d'établir & de développer
en faveur du fluide universel & du jeu de nos
atmosphères individuelles, n'appartiennent plus
à cette Théorie ; & qu'en conséquence les résul-
tats que je présente dans cet ouvrage, doivent
être regardés sous un aspect absolument différent.

·· **Pour** réſoudre avec plus d'aſſurance la nouvelle queſtion que je propoſe, je vais m'étayer de l'opinion de M. de Juſſieu, la ſeule que j'aie adoptée, & que je regarde comme la plus ſenſée & la plus raiſonnable.

« Annoncer la chaleur animale, dit cet Au-
» teur ; conſtater ſon exiſtence ; parler de ſa
» force d'expulſion hors des corps & de l'atmoſ-
» phère particulière qui en réſulte ; dire qu'elle ſe
» tranſmet (*il faudroit dire qu'elle ſe communique*)
» d'un corps à un autre, par frottement & par
» contact ; rappeller les effets connus de cette
» chaleur ainſi communiquée ; en déduire ſes
» propriétés ; les confirmer par de nouveaux ré-
» ſultats d'une Pratique plus étendue : telle auroit
» dû être la première marche de ceux qui vou-
» loient introduire une nouvelle méthode de
» traitement ».

Le même Auteur ajoute enſuite qu'après des vérifications, des expériences, des comparaiſons avec les effets de l'aimant & de l'électricité ſans iſolement, & enfin des guériſons certaines, la Médecine & la Phyſique auroient admis cette Pratique, & ſe feroient prêtées de concert aux efforts des Auteurs, pour lier tous les faits, ex- pliquer l'origine de la chaleur animale, ſon in- fluence ſur les corps animés, ſes rapports avec les élémens & les corps environnans. *Rapport de M. de Juſſieu, pages 72, 73 & 74.*

Ce que je viens de citer suffit pour faire voir que ma Théorie des atmosphères individuelles des corps, de leur influence les unes sur les autres, & de leur faculté électrique & magnétique en même temps, est une des conséquences que M. de Jussieu a prévu devoir résulter d'un principe mieux conçu & mieux défini que celui de M. Mesmer. Ce principe, le fluide universel, démontré sous tous ses rapports, dans mes nouveaux principes de Physique, explique également l'origine de la chaleur animale.

« Les rayons commoteurs qui animent la ma-
» tière, sont ceux du fluide universel, électrisés
» loco-motivement par la force centrifuge des
» corps célestes. Ces rayons, en pénétrant toute
» espèce de solide ou de fluide, se disséminent
» & se tamisent dans les pores des corps, & y
» excitent des vibrations relatives à l'arrangement
» & aux qualités des parties de ces corps ». T. 4
des nouv. Principes de Physique, imprimé en
1783.

« Des élémens solides très-déliés, très-hété-
» rogènes par leur forme, & très-dissimilaires par
» leurs arrangemens, quoique unis entr'eux dans
» différens modes organiques ; une quantité in-
» nombrable de fibres & de vaisseaux distribués
» en tout sens dans les corps animés ; une force
» commotrice ou électrique qui divise ou dissémine

» les vibrations du fluide univerſel en autant de
» rayons convergens ou divergens , qu'il y a de
» fibres ou fibrilles convergentes ou divergentes
» dans ces corps ; une ſoupleſſe extrême dans
» les moindres fibrilles , maintenue & garantie
» par une humidité perpétuellement circulante
» dans les moindres vaiſſeaux ; enfin l'activité
» des vibrations du fluide univerſel , continuée ,
» propagée & maintenue dans les atmoſphères
» individuelles de ces mêmes corps , ainſi que
» dans leur économie totale , par la vertu con-
» tinuellement électrique de l'atmoſphère géné-
» rale de la terre ; voilà , ſuivant mon opinion ,
» l'origine & les cauſes de la chaleur animale ».
Extrait du Manuſcrit du 5ᵉ vol. des N. P. de
Phyſ.

Ainſi , le principe de chaleur dans les animaux
ſe trouvant déduit des cauſes que je viens d'aſſi-
gner , la concordance de ces cauſes & la communication des atmoſphères individuelles entre
elle & avec l'atmoſphère générale démontrent
clairement que cette chaleur peut être communiquée & augmentée , de la même manière que
la flamme d'une bougie , ſans rien perdre de ſa
vivacité & de ſon extenſion , peut ſe communi-
quer à un nombre indéfini d'autres bougies.

Elle peut être communiquée par le frottement
des corps , par le contact immédiat de leurs

atmofphères individuelles , & même par leur contact médiat.

Elle eft communiquée , & non tranfmife , par
le frottement , parce que le frottement irrite
l'épiderme , & que cette irritation , en donnant
plus d'activité & d'extenfion à l'atmofphère individuelle de celui qui eft frotté, donne également plus d'extenfion & d'activité à l'atmofphère
individuelle de celui qui frotte. D'où il réfulte
que la chaleur animale peut être augmentée dans
l'un fans rien perdre dans l'autre , ou , pour
mieux dire , être augmentée également des deux
parts.

Elle eft communiquée de même , & non tranfmife , par le fimple contact immédiat des atmofphères individuelles ; parce qu'en fuppofant que
l'une des deux foit plus active que l'autre , cette
activité fe communique à l'autre , fans rien perdre
d'elle-même. Dans le cas , par exemple, où cette
furactivité d'atmofphère communiquée fe trouve
produite par un mouvement de colère , ou d'une
paffion quelconque, on ne peut pas dire que celui
qui a communiqué fa colère ou fa paffion à un autre
ait rien perdu de la fienne. C'eft prefque toujours le
contraire. Ainfi, dans une Pratique médico-phyfique
combinée d'après le frottement des corps ou le
fimple contact immédiat des atmofphères individuelles , il y a deux chofes à obferver : la première,

que , pour donner plus de ton à l'atmosphère de la
personne , sur laquelle on veut produire un effet
calmant ou un dispositif salutaire , il faut que
notre atmosphère ait plus de ton elle-même que
la sienne ; & , de plus , qu'elle ait cet équilibre
parfait que caractérise la santé ; car , sans cela ,
deux personnes malades qui employeroient cette
pratique l'une sur l'autre , se nuiroient certainement plus qu'elles ne se serviroient. La seconde ,
que , pour produire des effets plus prompts &
plus décisifs, il faut que la personne sur laquelle
on veut agir, se prépare, en se concentrant d'elle-
même , & en gravitant sur soi pendant quelque
temps , afin que les impressions du contact d'une
autre atmosphère , soit par des signes ou autrement , se fassent mieux sentir. Dans ce cas , toutes
les dispositions de part & d'autre étant connues
& convenues , les effets produits ne seront point
ceux d'une surprise ou d'une fausse peur dont
les suites ne peuvent qu'être toujours plus dan-
gereuses que salutaires , mais ceux d'une cause
naturelle & prévue. Cette cause , en commen-
çant à se dévoiler , nous laisse entrevoir comment
& pourquoi on pourroit admettre & employer
une Pratique d'attouchemens & de contact d'atmosphères dans le traitement de certaines maladies. C'est ensuite aux Physiciens & aux Médecins à perfectionner cette Pratique.

L'économie animale, confidérée moralement, préfente un fi grand nombre de phénomènes qu'il faudroit prefque faire l'hiftoire entière du genre humain, en faifant celle de toutes les paffions, de toutes les affections bizarres, & de toutes les maladies qui ont troublé les cerveaux & les cœurs. Mais, comme il n'eft queftion ici que du rapport général qui exifte entre les refforts phyfiques de notre organifation & le produit de nos fenfations, je me contenterai, après avoir établi ce rapport dans la dixième queftion qui précède celle ci, de faire voir que, puifque des effets, regardés comme purement moraux, ont une influence maligne très-réelle fur notre tempérament, nos affections phyfiques & notre fanté, de même ces effets, en raifon contraire, doivent avoir une influence bénigne très - réelle auffi fur tous ces objets. N'eft-il pas vrai, par exemple, que de parler brufquement & impérieufement à quelqu'un, comme cela arrive quelquefois de la part des Médecins à leurs malades, c'eft les agiter, les inquiéter, & par conféquent augmenter leur mal. Leur parler avec douceur, les plaindre, les confoler, c'eft certainement les calmer & diminuer leurs fouffrances. Les mêmes effets ont lieu, à chaque inftant, dans la fociété, & l'on ne s'eft pas encore avifé, je penfe, d'y attacher cette importance ; parce qu'on n'a point encore affez lié le moral au phyfique.

phyſique, & qu'on n'a pas vu qu'un bon traité ſur la modération, la juſtice & la bonté étoit en même temps un traité de Médecine que tous les hommes devoient mettre en pratique, non-ſeulement pour remplir leurs obligations morales réciproques, mais pour contribuer au calme & à la ſanté de leurs ſemblables, par des mouvemens, des regards & des diſcours doux, affables, ſages & décens.

Si l'orgueil & ſes mouvemens inſolens, ſi la colère & ſes mouvemens convulſifs, ſi la bruſquerie & ſes mouvemens durs, ſi la vanité & ſes mouvemens ridicules font ſur nous des impreſſions déſagréables; c'eſt parce que les vibrations de tous ces mouvemens, en affeĉtant l'extérieur de nos organes, en affeĉtent réellement l'intérieur, & que de cette affeĉtion naiſſent la haine, la rancune, le dépit & le mépris; vraies maladies qui réagiſſent par le contaĉt des atmoſphères ſur ceux qui les ont fait naître, & produiſent des germes de cabale, de déſunion, d'injuſtice, & ſouvent des effets cruels & terribles. Ces maux, à la ſource deſquels on ne remonte jamais, pourroient donc très-ſouvent s'éviter par un peu plus d'attention ſur ſoi & envers les autres. Ainſi, joignant à une Pratique médico-phyſique une Pratique médico-morale, on a déjà deux moyens de plus pour l'Art de guérir, & pour la Logique des Médecins.

F

L'économie animale confidérée enfuite médicalement , & d'après la Théorie connue de nos
atmofphères individuelles & de l'atmofphère générale , offre bien d'autres moyens que ceux employés jufqu'ici par M. Mefmer. Ces moyens
fages en eux-mêmes , parce qu'ils n'ont d'autre
application que fur l'extérieur des corps , & qu'ils
ne peuvent jamais produire aucun des inconvéniens attribués à la Médecine intérieure , & aux
antifpafmodiques externes employés jufqu'à préfent , font : 1°. l'ufage de maffer tel qu'il fe pratique aux Indes (8) : 2°. l'ufage des bains de

---

(8) Les perfonnes dont la tranfpiration eft diminuée par
des émanations trop abondantes , ou arrêtée par une condenfation fubite de ces émanations , fe font paîtrir , pour
ainfi dire , comme on paîtrit la pâte , par d'autres perfonnes
exercées & très-habiles à ce métier. Les fenfations volup-
tueufes qui en réfultent , ne font pas les feuls avantages
qu'il faut voir dans cet ufage. Il faut confidérer qu'outre
le rétabliffement de la tranfpiration & de la circulation des
humeurs intérieures , l'atmofphère de la perfonne qui paîtrit ,
redonne plus de ton à l'atmofphère de celle qui fe fait paîtrir.
Cette méthode , bien loin d'agacer les nerfs , comme on
pourroit le croire , les redreffe & les calme au contraire ,
parce que le maffage fe fait alternativement par-tout le
corps , & que l'agacement des nerfs n'eft jamais produit que
lorfque quelques faifceaux particuliers de ces nerfs font
excités & irrités dans une feule partie.

vapeurs, tel qu'il ſe pratique en Ruſſie avec les
modifications convenables (9) : l'art d'ébranler

---

(9) Ces bains de vapeurs ſont aſſez connus de toutes les
perſonnes qui ont été en Ruſſie. Mais, comme on a négligé
juſqu'à préſent d'en établir de pareils pour la commodité
du Public, je puis me diſpenſer d'en faire connoître
le procédé qui eſt très-ſimple & très-peu coûteux. Qu'on
ſe figure une chambre de bois, à un coin de laquelle eſt
un fourneau de briques, fermé par le haut, & dans ce
fourneau une grille, ſur laquelle on arrange de gros
cailloux en pile, & deſſous cette grille des charbons allu-
més qui font rougir ces cailloux. Ces cailloux étant rougis,
on jette deſſus deux ou trois potées d'eau, & dans un inftant toute la chambre eſt remplie d'une vapeur chaude &
humide qui pénètre tout le corps & le met inſenſiblement
en pleine ſueur. Des gradins de planche élevés juſqu'au
haut de la chambre, ſervent à placer les perſonnes nues
qui ſont dans ce bain : on monte ces gradins à fur & meſure que l'on veut laiſſer augmenter la ſueur, & on les
deſcend ſi on veut la laiſſer ralentir. Pour ouvrir davantage
les pores, on ſe frotte & s'étrille, ou avec un gand de laine
ou avec un faiſceau de petites verges feuillées. Lorſqu'on
a ſuffiſamment ſué, on s'approche d'un baquet rempli d'eau
tiède dont on vous lave, & enſuite d'un autre baquet
rempli d'eau froide dont on vous verſe une certaine quantité ſur le corps, pour raffermir les chairs, & mettre votre
épiderme au ton de l'air extérieur. Ces précautions peuvent
être portées beaucoup plus loin, & modifiées convenable-
ment dans un climat comme le nôtre, en préparant cinq
ou ſix baquets remplis graduellement d'une eau un peu

très - doucement , foi - même ou par le fecours d'autres perfonnes , la membrane de fon dia-phragme , lorfqu'on eft dans le bain , en paffant plus ou moins rapidement la main ou un doigt fur le creux de l'eftomac , & en excitant , par les commotions très - fenfibles de ce fluide , des commotions également très - fenfibles dans tout l'intérieur du corps. Ces commotions , telles que je les ai éprouvées , occafionnent fouvent des treffaillemens; d'où réfultent des grouillemens dans les inteftins , enfuite des vents , & enfin un calme que le bain feul & la tranquillité de l'eau ne produifent point à coup sûr ; 4°. la réunion de la Pratique d'attouchement avec celle de l'élec-tricité , telle que je l'ai imaginée & établie par une expérience citée dans la feuille de M. l'Abbé de Fontenay , au commencement de Mai dernier, & dans le Journal de Paris du 11 du même mois, & que je rapporte ici en note fous le n°. 10; 5°. l'infiltration d'un gaz tel que l'air , inflam-

---

moins tiède , & enfin d'une eau dont la température foit abfolument égale à celle de l'air extérieur. Plufieurs per-fonnes du même fexe pourroient fe baigner en même temps comme en Ruffie , & le prix qui eft de cinq fols par per-fonne dans ce pays-là , quand il feroit porté à douze dans ce pays-ci , produiroit encore un bénéfice très - confidérable pour ceux qui entreprendroient d'établir de ces fortes de bains.

mable dans les parties obftruées, ou infenfibles,
ou fouffrantes, par le moyen d'une verge de fer
percée & pointée d'un côté dans une certaine
quantité d'acide vitriolique, &, de l'autre, di-
rigée & appuyée fortement fur la partie malade.
Cette expérience que j'ai faite fur moi-même, &
qui a été répétée avec fuccès par plufieurs perfonnes, a été également annoncée dans le même
Journal de Paris du 11 Mai, & dans la feuille
de M. l'Abbé Fontenay du mois de Mai même
année (10); 6°. l'art de corriger le miafme putride

---

(10) *Aux Auteurs du Journal.*

MESSIEURS,

J'ai fait, il y a quelque temps, deux expériences aux-
quelles j'attachois peu d'importance; mais follicité par des
amis, à qui je les ai communiquées, à en faire part au
Public, je me rends à leur invitation.

J'ai mis dans un petit baquet une quantité d'acide vitriolique mêlée avec le double d'eau. J'ai pointé dans ce baquet une verge de fer pliée à angles droits, & j'en ai
dirigé l'autre pointe vers le creux de mon eftomac, à deux
ou trois lignes de la peau. Bientôt j'ai fenti une chaleur
douce & pénétrante qui s'eft répandue, en moins d'un
quart d'heure, dans toute l'habitude du corps. J'ai éprouvé
des grouillemens très-fenfibles dans les inteftins, d'où je
conclus que le fer a été le conducteur du gaz inflammable produit par la diffolution de ce métal dans l'acide
vitriolique.

ou pestilentiel de l'atmosphère d'émanation des malades , en frottant leur peau & l'emprégnant sur certaines parties telles que le creux de l'estomac,

---

L'autre expérience a eu pour objet l'Electricité. J'ai fait mettre sur un isoloir une personne qui communiquoit par une verge de métal au conducteur d'une machine électrique ; & , au moment où cette personne a été électrisée , j'ai appliqué mes deux mains fortement sur son corps, par-dessus son habit. Cette personne & moi avons senti quelques picottemens , ce qui n'est point extraordinaire ; mais ensuite m'étant armé de bâtons de soufre dans les manches de mon habit , j'ai imposé de nouveau mes mains sur la personne isolée & électrisée. L'abondance & la fréquence des picottemens ont été si prodigieuses alors , que nous en avons été étonnés. J'ai passé successivement mes mains sur toutes les parties de son corps ; c'étoit , pour ainsi dire , un feu roulant d'électricité. Enfin , en trois ou quatre minutes , cette personne qui avoit très-froid auparavant , s'est trouvée en pleine transpiration ; & cela , sans être nullement fatiguée ni inquiétée des commotions , parce que , dans cette circonstance , (où les mains sont appuyées fortement sur le corps) ces commotions , ainsi que je l'ai observé , n'agissent pas brusquement comme dans le trait d'une seule étincelle électrique , par le contact simple des atmosphères ; mais elles se divisent en une infinité de petites commotions ou vibrations qui réagissent dans l'intérieur du corps de la personne électrisée , & occasionnent en elle une chaleur intestine & la transpiration dont je viens de parler. Une autre personne a monté sur l'isoloir , mais elle n'a pu supporter long-temps l'abondance & la fréquence des picottemens, l'épine du dos, les tempes & les hypocondres, du jus de certains végétaux reconnûs comme antiputrides & antipeftilentiels, les ails, les oignons, le cocléaria, &c.

Je ne me fuis point propofé, dans ces quatre dernières expériences, de chercher le fecret de M. Mefmer, mais des réfultats conféquens aux vrais Principes de la Phyfique, & qui puffent être de quelque utilité aux malades & aux Médecins. C'eft à ces derniers, maintenant, à voir de bonne foi fi la Pratique des moyens que je viens d'indiquer, ne peut pas fe fubftituer, dans

---

fur-tout lorfque j'ai paffé la main fur le creux de fon eftomac. Une troifième a pris la place, & a fupporté long-temps & avec une forte de fatisfaction, non-feulement l'impofition de mes mains fur tout fon corps ; mais les mains d'une autre perfonne également armée, comme moi, de bâtons de foufre. Il faut obferver que toutes les perfonnes qui fe font préfentées à cette expérience, jouiffoient d'une parfaite fanté, & que je n'ai pas cherché d'occafion, jufqu'à préfent, de la faire fur des malades. Je laiffe aux Amateurs le foin de répéter & de varier ces expériences. Peut-être m'occuperai-je bientôt d'un petit ouvrage dans lequel je traiterai de l'*Electricité magnétifante*, & où j'expoferai les raifons qui pourroient déterminer à admettre, dans le traitement de certaines maladies, la tranfmiffion par les pores, du gaz inflammable & de plufieurs autres airs factices.

J'ai l'honneur d'être, &c.

C A R R A.

F iv

un grand nombre de circonſtances, aux ſaignées, aux purgations & aux autres remèdes pris intérieurement. Ces circonſtances ſeront déterminées par une ſuite d'expériences qui ne compromettront certainement ni la ſanté des malades, puiſque ces moyens ſont doux, ſimples & produits par des cauſes connues, ni la réputation des Médecins, puiſque la Faculté de Médecine convient elle-même dans ſon Rapport ſur le Magnétiſme animal, que cette Science n'eſt encore que conjecturale. Si cela eſt, comme on n'en peut douter d'après l'aveu même de ceux qui la profeſſent le plus dignement, on ne peut donc trop leur fournir de moyens pour la tirer de l'abîme des conjectures, & ils ne peuvent, de leur côté, s'empreſſer trop tôt à adopter les nouvelles idées, ou pour mieux dire, les nouvelles expériences qu'on leur propoſe.

XIIe & dernière QUESTION.

Pourquoi la Médecine est-elle une Science con-jeɛturale & , pour ainsi dire , un véritable Empirisme ?

J'EN demande pardon à MM. les Médecins, mais il est permis, sans doute, à tout homme qui chérit sa conservation & celle de ses semblables, de chercher pourquoi un Art destiné à conserver ou rétablir la santé , est souvent plus funeste qu'utile , & pourquoi les bons effets que cet Art produit dans certaines circonstances ne sont plus les mémes dans les circonstances qui paroissent absolument semblables.

Ici la diète & l'eau font des merveilles , & là elles détruisent le foyer de l'économie animale , l'estomac.

Ici l'abondance & l'usage des meilleurs alimens & des vins les plus exquis réparent les forces & les augmentent ; & là cette abondance & cet usage enflamment le sang , le corrompent , le mettent en dissolution , &c.

Tous ces différens effets, me dira-t-on , font relatifs à l'âge , au tempérament & à la conduite physique de chacun en particulier. Les Médecins doivent donc confidérer l'âge de leurs malades, étudier leur tempérament & leur demander compte de leur conduite phyfique avant de décider fur la nature du traitement qu'ils ont à faire ; ils ne doivent pas confidérer la même maladie chez un vieillard, fous les mêmes rapports que chez un enfant ; chez un femme robufte, comme chez une femme foible ; c'eft-à-dire, que dans la même maladie, telle perfonne à qui on ordonne la diète, devroit au contraire fe bien nourrir pour pouvoir repouffer le mal; & telle autre affez robufte pour repouffer le mal par la feule forme de fa conftitution, devroit être condamnée à la diète. Tout cela n'eft pas nouveau pour les Médecins, mais on ne fauroit trop le répéter.

Ici la faignée & les remèdes intérieurs font des effets merveilleux, & là ces moyens expédient les malades en un clin d'œil. Toutes ces différences, me dira-t-on, viennent de l'âge, du tempérament & de la différence des maladies. Et pourquoi donc, puifqu'il y a toutes ces différences, employer les mêmes moyens pour les uns & pour les autres ? Les fluxions de poitrine font fréquentes dans la faifon, il faut faigner, refaigner, dit le vulgaire des Médecins, tous ceux qui ont des fluxions de poitrine, fans rien examiner d'ailleurs, ni l'âge, ni le tempérament, ni les circonftances accidentelles de la maladie. Mais dans quel temps ces saignées doivent-elles être faites? Dans tous les temps, le soir, le matin ; qu'il pleuve, qu'il vente, qu'il tonne, c'eſt égal, le mal preſſe. On ne doit donc avoir aucun égard pour l'état actuel de l'atmoſphère générale? Et ſi l'air de cette atmoſphère eſt épais, lourd, vicié, s'il remplace par intro-miſſion le ſang extrait des veines & des artères, & qu'il y porte un nouveau germe de corruption & de maladie? c'eſt égal, le mal preſſe, il faut ſaigner. Voilà l'argument de ceux qui ne comptant pour rien l'état de l'atmoſphère, ordonnent la ſaignée & la purgation indifféremment dans tous les temps.

Mais quelles ſont les circonſtances qui exigent la ſaignée? Une pleuréſie, une fluxion de poitrine, enfin preſque toutes les maladies inflammatoires, aiguës, chroniques, accidentelles, &c. Vous allez donc purifier la maſſe du ſang & détruire le germe de l'inflammation en diminuant la quantité du ſang? Point du tout, tant qu'il reſte un peu de ſang dans les veines, ce ſang eſt toujours vicieux, toujours ſuſceptible d'inflammation ; mais nous voulons opérer des criſes, des ſueurs, un affoibliſſement tel que le malade ne reſſente plus ces agitations violentes, ces chocs d'un ſang ardent & impétueux contre les parois des vaiſſeaux dans leſquels il circule; c'eſt pour cela que nous faiſons ſaigner le

malade à outrance ; & fi on en croyoit la plupart
de nous , on fe feroit faigner jufqu'au blanc pour
la moindre indifpofition. On fent bien que lorfqu'il n'y auroit plus de fang , il n'y auroit plus de
germe de corruption , plus d'agitation, par conféquent, plus de maladie. O cruel préjugé ! ô fcience
conjecturale ! vous voulez anéantir le principe de
la vie & de la fanté , pour rendre la vie & la fanté.
Vous ignorez donc qu'à mefure que le fang de vos
victimes s'écoule par l'ouverture de la lancette, la
place qu'il abandonne dans les veines eft auffi-tôt
remplie , d'un côté par l'air extérieur, fouvent
épais & dangereux, & de l'autre par l'expanfion
des humeurs intérieures viciées & alkalifées, vraie
caufe de la maladie que vous prétendez guérir &
que vous aggravez encore davantage en donnant à
ces humeurs la fluidité du fang. Mais, me direz-
vous : les crifes, les fueurs néceffaires pour expulfer
par les pores l'humeur morbifique, comment les
produirons-nous? Par des bains de vapeurs, par
des boiffons fudorifiques, par des remèdes toniques
pris intérieurement, par les efforts de la nature
que vous n'aidez pas, mais que vous affoibliffez ;
par cette action & cette réaction fi importantes au
jeu des organes, & qui doivent être toujours ref-
pectées par les Médecins ; enfin par la coction
naturelle qui fe fera dans les humeurs, fi vous
attendez & fuivez fagement les trois périodes, le

commencement, le milieu & le déclin du mal, &
fi vous ne troublez pas cette coɛtion par des faignées, par des vomitifs & des purgatifs alcalefcens.

Quelles font d'un autre côté les circonftances
qui exigent des purgations ? Un amas de bile, des
humeurs concentrées, concrètes, un vice dans le
fang, marqué par des fymptômes extérieurs. Je
conviens que dans toutes ces circonftances, les
purgations font véritablement des remèdes falutaires ; mais pourquoi ces purgations font - elles
prefque toujours la manne, la caffe, le féné, les
fels alkalis. Tous les tempéramens font - ils les
mêmes ? toutes les maladies ont - elles le même
principe? ne peut-on pas purger également par les
acides feuls comme par les alkalis feuls ; & le choix
de ces deux efpèces de purgations ne doit-il pas
être le réfultat des obfervations d'un Médecin vrai-
ment inftruit fur le tempérament du malade, plutôt
que celui d'un ufage adopté ? Tous les remèdes
font bons, fans doute ; mais la grande queftion eft
de favoir les employer à propos. Si le malade a le
genre nerveux très-fenfible, il faut craindre, par
exemple, de l'irriter davantage par des alkalis, à
quelque petite dofe que ce foit. Les acides doivent
donc lui convenir mieux ; & fi ces acides donnés
avec ménagement ne produifent pas un effet auffi
prompt que les alkalis, c'eft qu'ils n'attaquent point
le genre nerveux. Il faut prendre patience alors ,

& en réitérer les doſes juſqu'à ce qu'on ait obtenu un ſuccès qui n'ait rien coûté à l'économie animale , comme dans l'uſage & l'abus des alkalis.

Ainſi la Médecine eſt une ſcience conjecturale & un véritable empyriſme.

1°. Parce que les Médecins en général ne comptent pour rien l'état inſtant de l'atmoſphère générale de la terre , relativement aux traitemens à faire pour leurs malades , & qu'ils ne vont jamais conſulter le baromètre & le thermomètre avant de ſe décider ſur leurs ordonnances.

2°. Parce que pluſieurs ſuivent un grand nombre de malades à la fois ſans méditer du tout , ou du moins pas aſſez , lorſqu'ils ſont rentrés chez eux , ſur l'état & les ſymptômes de chacune des maladies qu'ils ont vues dans la journée.

3°. Parce que la plupart croient , dès qu'ils ſont appelés par un malade , que pour faire montre de leur ſcience , il faut tout de ſuite ordonner des remèdes ; ce qui ſouvent développe le germe d'une maladie que la nature ſeule auroit expulſé par ſes efforts.

4°. Parce qu'ils ne veulent pas , pour la plupart , aſſez réfléchir ſur le danger des ſaignées & ſur le tort qu'ils font à l'économie animale , en la privant de ſon phlogiſtique naturel , celui qui circule avec le ſang , & en occaſionnant par-là l'intromiſſion d'un phlogiſtique étranger , celui de l'air extérieur

& d'un phlogiftique plus dangereux encore, celui qui provient des humeurs viciées , diffoutes & mélangées alors en plus grande quantité avec le fang.

5°. Parce qu'ils ne confidèrent pas que la caufe des maladies inflammatoires ne provenant que d'une expanfion extraordinaire d'humeurs alkalifées & volatifées, attirées dans la maffe du fang , par la raréfaction déjà trop grande de ce fang même , cette expanfion augmentera à mefure que de nouvelles faignées raréfieront davantage le fang. Il vaut donc mieux, pour ralentir , arrêter & corriger cette ex-panfion , attendre une coction naturelle , exciter des évacuations, des tranfpirations, par des remèdes tour à tour toniques , incififs , diurétiques , fudo-rifiques , enfin employer tout autre moyen que celui des faignées.

6°. Parce que plufieurs d'entr'eux n'examinent point affez le rapport des remèdes qu'ils ordonnent, avec le tempérament , l'âge & la conduite paffée des malades , & que fouvent telle perfonne qu'ils font faigner n'a befoin que de repos & de nourri-ture , & telle autre qu'ils font purger n'a befoin que de diète & d'exercice.

7°. Et enfin, parce qu'outre les connoiffances de l'Anatomie & de la Phyfiologie , ils doivent tous s'appliquer à l'étude de la Phyfique & ne rien né-gliger des moyens que leur offre cette fcience , fans laquelle toutes les autres, même la géométrie, la morale, la philofophie & la politique naturelle, ne préfentent, comme la Médecine, que des données conjecturales.

Mon but n'étant point ici de faire un traité de Médecine, je m'en tiendrai aux indications générales que je viens de donner, foit fur les nouveaux moyens de perfectionner cette fcience par des expériences de Phyfique, foit fur les raifons qui font regarder, par les Médecins eux-mêmes, l'Art de guérir comme une fcience conjecturale. J'ajouterai d'ailleurs que dans tout ce que je viens de dire fur la Médecine, je n'ai eu en vue que la fcience, & non ceux qui la profeffent ; car je fais très-bien que parmi les Médecins, il y en a beaucoup qui connoiffent mieux que moi fans doute les principes que je viens d'établir ; mais je n'infifte à cet égard que comme Phyficien, & pour ceux qui négligent d'apprendre & de pratiquer ces principes.

CONCLUSION.

La Doctrine de M. Mefmer, quoiqu'elle foit renouvelée des Anciens, quoique il n'en connoiffe ni le principe, ni la théorie, quoique fon fecret qu'il a affecté de ne confier à perfonne, ne tienne qu'à la difcrétion de fon ignorance, cette doctrine, dis-je, malgré cela, ne doit point être rejetée abfolument, mais réduite à fa jufte valeur.

Elle

Elle fe trouve réduite à fa jufte valeur par la définition claire & pofitive du fluide univerfel, par les propriétés électriques & magnétiques du corps humain, par la Théorie des atmofphères individuelles des corps, & leur communication avec l'atmofphère générale de la terre, enfin par les preuves démontrées que le contact médiat ou immédiat de ces atmofphères, leur concentration, leur dilatation, leurs variations & leur perte d'équilibre entr'elles, lors d'une maladie, font les feules & véritables caufes des phénomènes d'économie animale, qu'on a fi fort admirés dans la Pratique de M. Mefmer.

Ces phénomènes qui ont eu lieu de tout temps, mais auxquels on n'avoit pas fait affez d'attention, parce qu'on n'avoit pas encore examiné d'affez près la liaifon intime qui règne entre le phyfique & le moral, fe trouvant débarraffés du charlatanifme d'un prétendu Magnétifme animal, préfentent des moyens de plus pour l'art de guérir & pour la Logique des Médecins.

Ces moyens n'appartiennent point à un Magnétifme animal, puifque le Magnétifme animal eft un mot vide de fens; ils n'appartiennent pas non plus au fluide univerfel de M. Mefmer, puifque ce fluide ne tient ni à l'aimant ni à l'électricité, & que le corps humain eft une machine électrique & magnétique en même temps.

G

Mais ils appartiennent immédiatement à un fluide
universel admis & reconnu par les plus grands
Philosophes & les vrais Physiciens, & médiatement au contact des atmosphères des corps.
Ainsi, il ne reste à M. Mesmer d'autre mérite
que celui d'avoir réveillé l'attention des Savans
sur la Doctrine du Magnétisme animal, & d'autre
avantage, que celui de nous avoir forcés à lui
enseigner assez de Physique pour calmer ses prétentions & l'enthousiasme de ses Partisans.

F I N.

On trouve chez ONFROY les nouveaux
principes de Physique.